Don't sit around waiting to die.

别在风暴中坐以待毙

中国友谊出版公司

江明 作品

By Jiang Ming

图书在版编目（CIP）数据

别在风暴中坐以待毙 / 江明著 . — 北京：中国友谊出版公司，2018.3

ISBN 978-7-5057-4267-3

Ⅰ . ①别… Ⅱ . ①江… Ⅲ . ①人生哲学 – 通俗读物 Ⅳ . ① B821-49

中国版本图书馆 CIP 数据核字（2017）第 312975 号

书名 别在风暴中坐以待毙
作者 江明
出版 中国友谊出版公司
发行 中国友谊出版公司
经销 新华书店
印刷 河北鹏润印刷有限公司
规格 880×1230 毫米 32 开
7.25 印张 146 千字
版次 2018 年 3 月第 1 版
印次 2018 年 3 月第 1 次印刷
书号 ISBN 978-7-5057-4267-3
定价 42.00 元
地址 北京市朝阳区西坝河南里 17 号楼
邮编 100028
电话 （010）64668676

年纪轻轻的你不要总觉得自己已经跌进了人生最低谷，

其实你的人生还有很大的下降空间。

：）

Don't sit around

waiting to die

Content

目录

Part 1

大部分鸡汤都是黄鼠狼炖的

这是一个对年轻人，
比任何时代都更具考验的时代。

Part 2

活着，需要仪式感

对那些理直气壮向你伸手的人说：走开。

目录

Part 3

跟自己被定义的前半生说：滚

不要因为任何事情，
丧失了享受喜欢的一切的能力。

Part 4

生而为人，别轻易服气

去摘，遥不可及的星。

Part 5

让你的生活变精彩的指南

负负得正。

Part 6

大部分鸡汤都是黄鼠狼炖的

这是一个对年轻人，
比任何时代都更具考验的时代。

1

Don´t sit around

waiting to die

对于绝大多数人来说

学会说关你屁事，关我屁事，

可解决人生中 99% 的烦恼。

1.

前几天，有一条关于 35 岁的微博在网上疯传：

35 岁，你因为身体越来越差

加班越来越少

晋升的速度也越来越缓慢

那天下班，媳妇告诉你

孩子要上幼儿园了

双语幼儿园的学费一个月 3000 元

你皱了皱眉头，那边就已经不耐烦了

“四单元的老王家孩子，一个月 6000 元。”

“你已经这样了，你想让孩子也输？”

你没说话，回屋给媳妇转了 6000 块钱

这笔钱，你原本打算给自己过个生日，买个新电脑

38 岁，孩子上了一年级

老师说一年级最关键，打好基础很重要

你笑着说，是是是，老师您多照顾

44 岁，孩子上了初中

有一天回到家，她对你说

爸爸，我想学钢琴

你没什么犹豫的

你以为这些年，你已经习惯了

但那句“爸爸现在买不起”你始终说不出口

好在孩子比较懂事

她说：“爸爸没事，要不我先学陶笛也可以。”

你看着这么懂事的孩子，却开心不起来

这条微博内容来源于网络，真实作者不详，上面是我摘录的部分片段。

这条微博之所以能打动很多人，是在于作者非常巧妙，或者说非常刻意地挑选了普通人生活中的苦难，然后用戏剧化的故事编排了一下，让人们产生了代入感。

很多网友看完后，纷纷表示不想结婚了，不想生孩子了，生活真的太没劲了。也有一些比较懂事的网友说，这都是啥啊，无非就是一个 loser（失败者），把自己人生的不如意甩给了婚姻和孩子。

其实普通人的一生不就是这样吗？可能活不成自己想要的样子，一辈子也不会大富大贵，但是没病没灾，规规矩矩过完这一生已经算是成功了。

2.

当然，生活在当今社会，每个人都不容易。

这是一个对年轻人，比任何时代都更具考验的时代。高昂的房价，微薄的收入，劳碌的工作；要找对象、要结婚、要生孩子，一想到这些，很多人就恨不得立马一声死过去。

说你成功吧，好像还差那么一大截；说你不成功吧，你似乎比周围人过得好一些。说你老吧，你才二十几岁；说你年轻吧，眼瞅着就奔三了。说你庸碌吧，每天屁事多得要命；说你忙碌吧，全是一些鸡毛蒜皮的事。

想起冬天看到的一条微博："现代人的崩溃是一种默不作声的崩溃。看起来很正常，会说笑、会打闹、会社交，表面平静，实际上糟心事已经积累到一定程度了。不会摔门砸东西，不会流眼泪或歇斯底里。但可能某一秒突然就积累到极致了，也不说话，也不真的崩溃，也不太想活，也不敢去死。”

有读者在下面留言说，不要问我那些艰难岁月是怎么熬过来的，我只有一句话可以回答——我有一种强大的精神力量支撑着我，这股力量的名字叫“想死又不敢”。

3.

我曾有过几段非常崩溃的时光。

不过现在讲来有点大言不惭，虽然我常常劝告大家，别整天愁眉苦脸的，那些你觉得天要塌下来的事情，放在足够长的时间跨度上，回头看都是一道坎。

然而对绝大多数人来说，你根本不知道这道坎什么时候会过去。

我大学还没毕业的时候，跟同学在北京租房子，被同学骗了房租，他拿着钱出去旅行了。中介带着一大帮人，半夜过来咣咣砸门，吓得借宿的女同学嗷嗷哭，后来我才知道，他不仅拿着钱跑了，还骗我说房租一个月2800 块，其实是 2000 块。

那时我做过一段时间的家教，有一次，我从北四环坐公交车去东四环的大郊亭做家教。那天下了入冬以来的第一场雪，我在双井换公交车的时候，遇到一个抱小孩的男人蹲在桥下，说来北京给孩子看病，但是钱包丢了，求 20 块钱路费。那时我还涉世未深，给了他 100 块，等我做完家教回去，却在 300 路公交车上与他相遇，非常其乐融融的一家三口，我却连与他对视的勇气都没有。

后来实在太累，在车上睡着了，一直睡到终点，被售票员叫醒，匆匆下了车，才发现钱包、手机、公交卡都不见了。后来，吃了一个月的包子和凉皮，吃得大冬天流鼻血，我都怀疑自己是不是要挂了。

最近一次崩溃应该是上个 ID 被封，也是非常莫名其妙，怀疑上帝是个特别喜欢搞恶作剧的人，看你生活有点起色了，感觉你一点点好起来了，就"吧唧"给你来一出小玩闹。那时我特别喜欢听李志的歌，《这个世界会好吗》，晚上听着李志的歌，打开谷歌地图，我就这么缩小啊，缩小啊，我在杭州城西，浙江，中国，地球，突然就觉得人真是渺小得可以，杭州不过是地球上的一座城，地球也只是天上的一颗星。

那活着还有什么意义？

后来我看《肖申克的救赎》，才发现，好好活着，有尊严、有价值地活着，本身就是最大的意义。

无论你今天遭遇了什么样的变故，我们都不太可能比安迪的运气更糟。

我们也可以打造自己的榔头，去挖我们的地道，**总有一天，我们也可以爬过污秽不堪的下水道，爬过那些不堪回首的岁月，面对大雨滂沱的天空，展开双臂，仰天长啸。**

4.

有些人披着"丧"的外衣，把自己的生活越过越丧，就好像有时候我接受了自己懒的设定之后，几天不写文章也变得心安理得。

这在心理学上叫"墨菲定律"，意思是你越想着什么事情、越强调什么，就越会出现什么。所以如果你真的不想接受丧的人生，那么真的要好好疏导自己的情绪啦。

以下是我个人调整情绪的方法，亲测有效：

· 你要先认识自我，认识这个世界。成年人的生活里没有“容易”二字，生活不是卖惨大赛，千万不要觉得自己是最苦的那一个。

· 生活中的很多压力，其实都不是压力，那就是生活本身，只有能在生活中发现乐趣的人，才能过好这一生。

· 去旅行吧。多出去走走，不要让自己的视野局限在自己的居住范围内，去的地方多了、见的人多了，自然会理解其他人的生活方式，自己的格局也就慢慢打开了。

· 去阅读吧。高晓松的妈妈不是说了嘛，没钱出去旅行，那就阅读，文字就是诗歌和远方。这是提升自己阅历成本最低的一种手段，用几十块钱就可以买到别人的心血。

· 吃一顿好吃的。美食可以治愈一切，相信我。火锅、海鲜、大排档、冰激凌，没有一顿美食解决不了的问题，如果有，就两顿。

· 听音乐。我失落的时候喜欢听李志、五月天、苏打绿。李志问，这个世界会好吗？阿信会告诉你，这个世界真的太美好了，爱情很美好，友情很美好，人生很美好，你要加油啊。苏打绿会说，即使一败涂地也没关系，至少还有我温柔地陪你。

得了这个年纪不该得的病

别让自己像个老年人。

4 月初的一天，我去了一趟医院。

坦白地说，我是一个特别害怕去医院的人，我受不了那里充斥着消毒水的味道，见不得面无表情的白大褂医生，还有那些患有各种疾病的病人。

我在生活中是一个特别能硬挺着的人，倔强的个性，在看病这点上被体现得淋漓尽致，大概是觉得自己年轻吧，身体上遇到任何不舒服，我的诀窍就是六个字——多喝水，睡一觉。

感觉自己就像是一台电脑或者一部手机，睡一觉重启就能解决绝大多数问题。

然而那天起来，我的腿就开始疼，脚踝那一块儿，非常有存在感地、不甘寂寞地疼。你知道，当你身体好的时候，你对自己的身体压根不会有什么兴趣，但是当它开始疼起来找存在感的时候，你才会有感觉，我的天，我的小宝贝你到底想干啥？！

我仔细检查了，没有任何外伤，也没有红肿的迹象，最近也没有运动，没有扭伤，但它就是疼。

起初，我仍然抱着忍一忍的态度，去外面吃饭，下楼遛弯，我的想法是反正是脚，又不是五脏六腑，死不了，说不定第二天就好了。

结果，第二天，更疼了，疼得我嗷嗷叫。

我打开电脑，开始在搜索引擎上查找我的症状，然后就被出来的词条吓坏了。人在脆弱的时候，会出现两个特征：（1）特别容易胡思乱想，自己吓自己；（2）心理防线很容易崩溃。

于是我打电话联系了一家三甲医院，单脚蹦着就去了。在去的路上，我跟我的好朋友说，我今后可能要变残疾人了，我要是跛足了，你会不会看不起我啊？她说，你有毛病吧，别说得这么吓人，我看你这种症状不会变成跛足的，最多也就是截肢！

后来的检查结果还好，医生说是痛风。

1.

我查了，痛风一般与年龄相关，多见于中老年人，发病高峰年龄段是 40 岁以上。我把消息发到群里，结果发现我并不是最惨的，顿时就松了一口气。

1990 年出生的王德福说他有脂肪肝，一开始是轻度，他也没太在意，去年体检的时候，已经是重度了，现在把最爱吃的肥肉都戒掉了。

1991 年出生的李美丽说自己的颈椎和胃都不太好，平时睡眠不足，一遇到假期或者周末还失眠，神经紧绷绷的，一直处于焦虑的情绪之中。

最最搞笑的是 1993 年出生的阿宝，长期单身的他，非常不好意思地说自己前列腺有问题，让人莫名心疼。

2.

我发现，现在很多年轻人的身体貌似都出了状况。得的疾病，不仅越来越老龄化，而且有些真是莫名其妙。

作为一个年纪才刚过 30 岁的宝宝，最让我难过的，并不是看着长辈们离去，而是看着身边同龄人——那些同学、同事，有些甚至还比自己年纪小的人，因为各种各样的原因，患了这些疾病。

我朋友的表姐，前段时间因为胃癌去世了，走的时候，年龄跟我差不不多，当时事业正处在上升期，有一个非常可爱的女儿。朋友在朋友圈发消息悼念的时候，我不知道该用什么样的言语去安慰。

还有一个朋友，也是因为胃癌，前段时间刚刚做了手术，胃被切去了三分之一，以前是 180 斤的大胖子，几个月下来就瘦到了 100 斤不到。

还有我的小学同学，是我的同桌，小学毕业之后几乎就没再联系，后来知道他的消息，是在朋友圈看到的，得了白血病，在筹款。之前我把这件事收录进了《小确丧》，当你打开这个栏目，就会发现很多这样在生活中遭遇暴击的人。

我还认识一些朋友，在别人眼里可能是挺幸福的人，但是有很多去看过心理医生，非常努力地在对抗抑郁症。当然如果你只和他们是泛泛之交，绝对不会感觉到他们有任何心理问题，不会觉得他们需要帮助，更不会觉得他们有很多时候，在别人看不见的地方独自痛苦。

3.

前段时间我上微博，发现一个许久没有联系的前同事，把之前的微博全都清空了，只留下几条状态，当我看到这条的时候，心里咯噔一下：

我的天，没想到删光两千多微博
居然用了三天时间
为什么要删?

因为我不想某一天
这里荒草丛生
长满了盗号者的段子和广告
掺杂在我的搞笑记录里

没错，我在做最坏的打算
因为莫名其妙得了癌症
当然要治疗
当然不放弃

但结果只有两个

要么新生

要么死去

如果死去，那就消失得彻底一点

不用怀念我

也不用每年来吊唁

忘得越快越好

如果新生

那我会变成一个怎样的人呢?

我给他留言：当然会新生，而且会变得更好。

除此之外，任何语言都变得苍白，任何没有意义的安慰都会变成一种打扰。

4.

年轻的时候，我们都想赢，所以拼尽全力去生活、去奋斗、去创造。成功学和人生导师都这么教导我们：

“成功者，做别人不愿意做的事情，别人不敢做的事情，别人做不到的事情。”

“成功的秘诀是努力，所有的第一名都是练出来的。勤奋！”

“要在这个世界获得成功，就必须坚持到底；剑至死都不能离手。”

他们说得都对。世界太美好了，生活太美好了，爱情太美好了，友情太美好了，你要加油。**但我还是想说，一直拼尽全力奔跑的人，能跑多远?**

生活里，认识过的很多人，就像生命中的一阵风、一场雨，来过，又走，永远消失……

5.

休闲璐以前写过一篇文章，叫《泰山崩于前，你瞟一眼》。她说，当前的社会，从来不缺机遇，大多数人眼前都有各种各样的机会。如果有人告诉你这条路可以通往成功，所有人都会拼尽全力走一走，但是有些人就是慢热，体力跟不上，那么停下来让自己休息一下也未尝不是一个好的选择。

你可能会说，这条路你不走，有的是人替你走，这个时候人的心态就特别容易失衡。我一直觉得没有哪一份工作、哪一份职业是需要你严重牺牲自己的健康的。路当然要走，有好的机会也要尽力去尝试，只是，走的同时，别忘了让自己停下来，吹吹山谷里的风，让白花花的太阳照耀自己。

坚持应该坚持的，放弃应该放弃的。别让自己年纪轻轻的，不仅在心

理上已经老得像个饱经沧桑的老年人，还得了一身这个年纪不该得的病。

我们都知道吃多会胖，熬夜会丑，没有钱会不开心，但是我们也要明白，只要健康活着，总会有好事发生。生活中多说几个“去你的”，人生就没有过不去的坎。

最后，祝我前同事早日康复，也希望能用你们每人胖十斤的代价，换我一世喜乐平安。再见了啤酒，再见了海鲜，再见了夏天，都再见了！

与其在一起碌碌无为，不如分开各找机会

这也许就是人生。

“判断一个男生到底是不是同性恋，就带他去看《爱乐之城》。直男一般看 30 分钟就会被其中的歌舞搞得呼呼大睡，而基友则会因为剧情太过感人而流干眼泪。”

前段时间，我的朋友 two two 在看完《爱乐之城》后，在微信上这样跟我说。

一直对自己的性取向存疑的我，听他讲完这番话，第一时间就买了票，一惊一乍地溜进了电影院。现在我从影院出来了，冒昧地问一下大家：因为观点不合，不小心打死了自己的好朋友会被判几年刑啊？

《爱乐之城》明明就很好看好不好！跟直的、弯的没有半毛钱关系，我在电影院都快哭成泪人儿了，完全不能自持。

现在，我单方面宣布，这是近期电影院上映的第一好看的电影，谁不承认就是不客观！

1.

《爱乐之城》讲述的是一个怎样的故事呢？

其实用一句话就能概括：两个相爱的年轻人，在分手之后各自得到了幸福。

这是一个典型的好莱坞式的男孩和女孩相遇的故事：女主米娅是一个怀揣着演员梦想，整天到处试镜却处处碰壁的女 loser，业余时间她在一家咖啡馆打工，维持生计。

男主塞巴斯蒂安是一名落魄的钢琴伴奏师，一门心思想要演奏爵士乐，却被《爆裂鼓手》中的魔鬼教师炒了鱿鱼。

两个人在人生最低谷的时候相遇，互相鼓励，并且度过了短暂的浪漫时光。但是后来，生活遭遇变故，在追求理想的路上，两人渐行渐远，最后女主米娅为了梦想去了巴黎，而塞巴斯蒂安为了爱情留在了洛杉矶。

影片的结尾，五年后两人重逢，米娅和塞巴斯蒂安已经有了各自的人生。

2.

有时候，电影就是这样讨厌。你明明抱着打发一下时间的态度走进了电影院，却完全没有意料到它会在你的心上狠狠地出一拳。

区别于其他俗套的爱情故事，《爱乐之城》在剧情发展上有两次让我挠墙，并一度想冲进屏幕，窜改剧情。

第一次是男主角为了女主角放下了自己的梦想，去做了自己不喜欢的事情，第二次是女主角为了自己的梦想离开了男主角。

彼时，我真的好想揪着编剧的领子问：为什么？你个浑蛋！为什么会是这样？！

一个人，在茫茫人海中，遇见了另外一个人，他们一起成长，相互鼓励，未来可期，你知道这有多么不容易！为什么要有遗憾？

3.

可是，这也许就是人生。

我仿佛听见另一个声音在耳边这样说。

就好像豆瓣网友萨菲娜说的那样：我们在穷困潦倒时爱得一塌糊涂，却无法在各自功成名就时手拉手出门散步。

当爱情和梦想发生冲突时，你会怎么选？身为男生，站在女主米娅的立场上，我可能也会像她一样义无反顾地去追寻自己的梦想和事业。

我不想说什么女人应该独立，追求梦想的人最美，没有一个男人值得你放弃梦想之类的车轱辘话。我的理由很简单：我只是不想贫穷地守在一起碌碌无为，我不要我们的爱情在日复一日的拮据生活中消耗殆尽。

如果真的有那么一天，在爱情和梦想中间，必须做一个选择，我希望先说出“你走吧，祝你幸福”的那个人是我。

4.

我知道有很多女生，一旦爱上一个男生，就会完全沉浸在爱情之中，完全放弃自己。

喜欢一个人的时候，拿出赴汤蹈火的心思，把那么多的好，无可救药地拍击在男人身上，不求回报，如同飞蛾扑火一般。

还有些姑娘，一谈起恋爱就拼命地对男朋友好，恨不得什么都给对方，生怕做错一点，对方就不喜欢自己，但是亲爱的，这根本就不是爱情，而是取悦。

每个女孩都曾幻想自己就像是《喜剧之王》里的柳飘飘（张柏芝饰），在自己最失意、最落魄的时候，有一个人突然出现，然后对着你喊："我养你啊！"

但是当你放弃了自己的梦想、事业和追求，你真的有信心，眼前的这个男人会一直要死要活地爱着你，爱到地老天荒吗？

"谈你个大头鬼爱情，先吃饱饭再说吧。"

《喜剧之王》中，面对爱上了跑龙套的尹天仇（周星驰饰演）的柳飘飘，她的妈咪桑这样对她说。

5.

这部电影之所以让我感动，还因为它让我想起了一个人，一段无疾而终的爱情。

可以说，我最初有勇气写博客、写文字全因为这个人。彼时我还没有离开北京，我们相识是因为我最初在博客上写东西，一度特别没有自信，觉得自己写得特别垃圾，可你说已经很好了，不要太在意得失。

至今回想起来，我都不知道我们算不算在一起过。我们一起走过深夜的中关村大街，一起翻过“人大”的墙，一起探讨以后的生活。

后来你去了美国读博，研究肺细胞，并留在美国工作。我曾开玩笑说要是我以后抽烟得了肺癌，你正好可以治疗我，你说我是个傻帽。

以前你总问我会不会去美国，我说我可能找不到工作。你说你的工资够我们两个人的开销，但那不是我要的生活。

我们曾讨论过人生的意义，我说人生本没有意义，你说一定有的。我们并不争论。

你曾给我寄过一本拜伦的诗选，其中有一首叫《春逝》，有两句是这样写的：

> 如果我们再相见，事隔经年。
>
> 我将何以招呼你，以眼泪，以沉默。

至今，我不喜欢拜伦。

6.

看完《爱乐之城》，走出电影院的那一刻，我感觉到完全没有过的轻松。

以前也经常收到网友的提问，说有一个人很爱自己，但是对方很窝囊怎么办。或者想逃离原生家庭，去外面的世界闯荡，但是又没有勇气离开。

我想说的是，与其贫穷地守在一起碌碌无为，不如分开之后各自找寻机会。

你一定不想等到有一天，拮据到生病了也没钱治，也不想因为大白菜贵了几毛钱而和售货员吵架，更不想在出租屋里吃着泡面还觉得特别温暖、特别有爱，把自己感动到不行吧。

拜托，这种苦情戏，不会等你有一天成功了，上了电视节目，让主持人听了感动流泪的。

先别瞎谈什么爱情了，先让自己有了底气再说吧。你可能会说，只要和喜欢的人在一起，不管过得如何都已经满足了，赢了你输了世界又何妨。但你可知道什么叫知足？爱情败给现实的例子还不够多吗？

知足，是指人功成名就之后不需要再获取更多，就已经足够的意思，但是我现在常常听到生活得很一般的 loser 居然也这样说。

也是呵呵哒！

最后，再次推荐这部电影——《爱乐之城》，豆瓣评分都已经 8.3 分了，并对所有旧爱说一句：**终有一日转弯遇见，无语一笑抵千言。**

没事别想不开去参加同学会

原来你过得还是这个样儿。

朋友在微信上发来消息说，你赶紧过来吧，人都到齐了，给你点了一大壶西瓜汁。

我问，都有谁啊？

他说，反正还留在北京的、保持联系的基本都来了。张美丽啊，王德福啊，李宝来啊，还有张美丽传说中的老公啊，王德福的小孩啊，包厢人都满了。现在大家正聊你呢，猜你是一个人来，还是两个人来。

我站起来吼，不是说了就两三人聚一下就好了，你非得把所有人叫上干啥啊？我不去了。

朋友说，滚，你以最快的速度给我滚。

然后我醒了，一看表，还有半小时就要迟到了，赶紧起床把酒店退了，胡乱洗了一把脸就打车出门了。

来北京出差是意料之外的一件事情。因为最近状态奇差无比，本来有些事情通过电话和微信也能解决，但是想着出来走走换个心情，毕竟一个人在杭州待着也快发霉了。

事情忙完之后，跟很久不见的大学同学在微信上聊了会儿，于是约好一起吃个晚饭。

什么叫梦想成真啊朋友们！就是当我推开包厢门的一刹那，听到呼叫声就感觉大事不妙了。“快叫叔叔！”其中一个中年妇女抱着一个小孩上前来。我定睛一看，这不是我那同学吗？但是叫啥来着……我还真一下子叫不上来。

落座之后，面对着眼前面容陌生的一大桌成年人，只能刷着过去的一些回忆，以此来慰藉此刻的一点温存——上学那会儿谁暗恋谁啊，谁出过什么糗，谁跟谁的关系比较好之类，三句话聊完就转接到现在做什么工作，买房了没有，什么时候结婚。

简单答完之后，又陷入无话的境地。而我，一边喝着西瓜汁，一边不停地想着以什么样的方式结束这场无聊而又浪费时间的饭局。

我不知道你有没有参加过类似的聚会，反正我的情况往往如此，老友见面，以为会有讲不完的话，其实长期的间隔，性格习惯差异难以通达，蜂拥的回忆，夹头夹脑，谈话的兴致非但不高，而且时常百感交集，思路阻塞。

离开学校已经8年，这8年足以成为一道分水岭，有些人已经结婚生子，有些人在事业上风生水起，过去青春纵然有着一样的土壤来浇灌，在此刻也培育成长出千姿百态的人生。

有一篇文章《知道你过得那样，我也就放心了》，文中说，每年的春节前后是同学聚会的高峰，但是真正的有钱人和穷人都不去同学会，每年固定发起、参加同学会的都是相同的一群人。

同学会筛掉了飞得过于高的、走得过于远的、混得过于惨的、性格过于强的……剩下一伙彼此过得差不多、活在同一坐标系里的同学。

每年固定约见相互确认“原来你过得还是这个样儿”，便可继续相亲相爱，同时安心地继续过自己或许是主流、或许是随大溜的人生。

很多人喜欢回忆青春，喜欢回忆上学时的经历，其实并不是感怀当时的爱情简单、友情纯真，而是沉浸在无法回去的过往和那个感觉不用拼命就可以和大家一样的自己。

关于青春，向小田写过一段非常绝妙的话，他说——

其实青春就是一群人，陪你度过一生中最胸无大志、无欲无求的时光，这群人中有你最想爱的、有你最想揍的，也有一些无关痛痒的。他们和你组成了喧闹的如梦般的场景，这场景明媚、阳光、生机勃勃、充满希望。这种希望之所以存在，是因为学校是你和同学阶层差别最小的时候，一出社会，立刻天翻地覆。

曾经整天腻在一起，曾经整天袒露心迹，对于同学这种情景型的朋友关系来说，并不能长久维持。

走向社会之后，你会对自己越来越有意识，对朋友也越来越有概念，知道在谁身上投入时间是值得的，在谁那儿只是浪费精力。

如果你扪心自问一下，那些曾经一起上过学的、一起共过事的人算自己的好朋友吗？这个答案可能会让你比较尴尬。

社会学家说，结交挚友最重要的原因有三点：

（1）紧密接触。

（2）经常性地不约而至。

（3）具备能让人放下戒备，彼此袒露心迹的场景。

不过随着社会的变化和人们各自的成长，要满足这三个条件已经越来越困难了。

“敞开心扉”“友情万岁”这样的话已经成了这个社会带有一种符号性质的陈词滥调。

如果你仔细回想一下，你上一次在另外一个人面前敞开心扉是什么时候，你上一次和人做深入的长谈，毫无保留地在另一个人面前袒露自己是什么时候，你就会尴尬地发现那是很久很久以前的事情了，甚至根本没有上一次。

同学会只不过提供了一个大家吹牛，检阅自己当前实力的舞台。也许曾经一见如故，然而再见已是陌路。

没事别想不开去参加什么同学会了。

微信群都 300 年没消息了，很多同学连好友都没加上，加上的还有一大半都屏蔽了，网上都没话聊，又何必见了面自寻烦恼。

我们这么努力工作、这么努力生活，不就是为了摆脱和远离那些因为命运安排而不得不在一起的人吗？

有那时间还不如多跟真正聊得来的朋友吃吃饭，没那心情的话，哪怕一个人待着看看书、上上网也好。不必在别人面前假装自己过得很好，也不用费劲装出自己很牛的样子。

希望我们都能做到。

是不是我不结婚，
就会失去你对我的尊重？

“你先结嘛，哪怕结了再离。”

讲真的，到我这个年纪，每次跟朋友出去吃饭、喝酒都挺尴尬的。

无论这个局的初衷是为了纪念朋友生日、婚宴，或者 whatever（无论什么），到最后的 point（重点）都会落在劝我早点结婚上面来。

是的，都不说先找个对象，谈个恋爱啥的，直接就说结婚，最好是明天就能领证，后天就能办事的那种。

前几天回了一趟老家，跟几个朋友喝酒。

本来聊得都挺好的，朋友们纷纷表示羡慕我单身、自由，买了房子，又买了车子，天天满世界旅行啥的，太快活了。

但是聊着聊着，话锋就变了，劝我早点把事情办了，反正迟早要办，别太挑，再挑下去好姑娘都被人挑走啦，你只能二婚啦。当时我的心情真是满脸“黑人问号”。

其中一个说：“要找一个完全符合你要求的人，是不存在的，结婚嘛，无非就是找一个人过日子，结婚之后，你说还有多少爱，爱情那东西都是虚的，找个差不多的就行。”

1.

“差不多就行了！”他们说。

这样的安慰，或者说教导，在我过去漫长的单身岁月里无比熟悉。

意思就是人无完人，找人结婚不是买菜，你不可能拿着你的标准去市场上任意挑选，你手上有多少钱，你就在这个范围内买自己最喜欢吃的，但是吃多了也会腻，更多的是包容、责任，巴拉巴拉。

这句话如果是由一个无关紧要，或者我不太 care（在意）的人说的，我就会用一种“关你屁事”的眼神回复：你先管好你自己吧。

但是当我身边关系好的朋友、亲戚、长辈也用这样过来人的身份劝告我时，我还真得好好掂量掂量，是不是我这么多年的坚持有问题。

2.

有一次我通过后台，征集了话题——为催你结婚，你爸妈、亲戚、朋友说过哪些奇奇怪怪的话？

收到最多的是：你哪怕结了再离。

有个读者说：“我妈曾经跟我说，你哪怕随便在街上拉个人结婚，我都是高兴的。离婚的都比你单身的好听。”

还有些读者说，在爹妈、亲戚的逻辑里，到了 30 岁不结婚就像是残疾，要么就是给人做小三了，30 岁之后再结婚就只能是二婚了。

尤其是女生，到了一定年纪，就没有资格挑选别人了，在长辈眼中，只要是年龄合适，跟你就是最配，也不管对方长得是美是丑，总之，再不结婚就晚了，再不生娃，可能都要绝经了！

真不知道他们是怎么想的，可能觉得自己的面子要比孩子的幸福更重要吧。

那么，我就想弱弱地问一句：是不是我不结婚，就会失去你对我的尊重？

3.

之前因为工作的关系，认识了一个小姐姐。

不是追求对象啦，就是工作上的一个合作伙伴，曾经就职于国内最大的快消品公司，典型的职业女强人，用你们熟悉的人物做类比，大概就是电视剧《我的前半生》里袁泉扮演的唐晶吧。

长得很甜美，但是完全没有娇气，做事雷厉风行，是我比较欣赏的女性类型。

后来因为我离开 A 公司，所以私底下从合作伙伴关系变成了生活中的朋友，对她的个人感情生活也多了一些了解。

她老家是四川的，后来去上海求学，又在国外念了研究生，学成归来又回到上海，进了这家公司，7 年的时间，一路从 trainee（实习生）做到了市场总监的位置。前几年就在上海买了房，但大部分时间在全国各地，甚至全球出差，一年在上海住不了几个月。

为数不多的假期时间，除了加班工作，就是到处旅行，或者健身、练瑜伽。

这样的人，身边当然不乏追求者，但是据她自己透露，除了刚来上海工作那时谈过一段不痛不痒的恋爱之外，就没有再找到合适的恋爱对象。

即使是如我这般条件差到要死的，要随便找个人结婚，搭伙过日子，也并不是一件困难的事儿，更何况像她那样的人。但是**感情这回事儿不是闭上眼就能过下去的。**

4.

很多家长在催孩子结婚的时候，会说一句逻辑骇人的话：你念的书都白念了，如果当初不让你念那么多书，可能现在我都抱孙子了。

就像我在本文最开始说的，很多亲戚、朋友会以过来人的身份告诉你，你不可能找到一个百分之百满意的人。真爱是什么？真爱是你这辈子可能遇见鬼了，也不可能遇见的东西。

所以，差不多得了。反正我们都是差不多先生和差不多小姐，过一个差不多的人生，就可以了，还想怎样呢？每天想着那些虚无缥缈的东西，当然能让生命充盈起来，但是没有办法帮你消除寂寞，根源上的寂寞。

和菜头之前写过一篇文章——《你那么文艺，却还是没有爱人》，说书籍、电影、音乐、旅行、摄影这些东西，可能是一种障碍，让你长期卡在一个人的世界里出不来。

因为它们从本质上来说，只是在丰富你的个人感知。而感知越丰富，人的情感也就越细腻复杂。感知就像是在钥匙上开的槽，槽口越多，对应的锁也就越复杂。

谁也不能轻易打开。

5.

这会有问题吗？

我在和菜头的那篇文章里没有找到答案。

但是我在很多个没有睡着的夜晚会去想，是不是必须结婚生子，一个人的人生才真的是完整的，我倒不担心晚年会怎样，毕竟现在社会的福利保障越来越健全。

我考虑的是，结婚生娃这件事，跟人生的完整性，是不是有必然关联。

就像你的爸妈告诉你的那样，你不结婚，你的人生就完了。就像你的同学会说，哪怕你买房、买车了，你不还是单身？就像你的同事会说，事业那么成功，做到那么高的位置，赚那么多钱有啥用，还不是没有男人？

好像单身本身就是一种罪，一种可以被攻击、被嘲笑、被抓把柄的人生缺陷。

我想来想去，脑袋疼。一想到漫长岁月，如果要和不喜欢的人将就度过，我觉得我会瞬间死去吧。

后来我逛豆瓣，看到我的友邻睡谷百合说了这样一段话，我觉得特别有道理，她说——

相信自己能和一个不爱的人过日子，是很多婚姻失败的根源。

这种想法太高估人性了，一旦之后遇到一个喜欢的，尤其是互相喜欢的，所有日子累积起来的习惯与情感，一瞬间就溃不成军了。一定要找个互相喜欢的，然后在爱之中用有爱的方式解决遇到的问题，而不是和一个没感觉的人有日久生情的企图。

6.

“互相喜欢，日久生情”，这几个字说起来简单，但是真的要找一个这样的人，跟大海捞针也没什么两样吧！

我不知道很多人的独身，是自我的主动选择，还是真的迫于现实无奈。

我只知道，**如果一个人，TA 认真工作，能负担起自己的生活，且能照顾好家人，无论 TA 单身与否，无论 TA 看上去是整天没心没肺，或者是你们眼中的瞎忙活，TA 都是在认真生活，单身并没有什么好苛责的。**

最后，祝单身者们越活越骄傲，不用太悲观，当然也希望大家早日找到幸福啦！

少做一些
旅行打工的白日梦

喂，醒醒。

最近总是在做一个梦，梦里我回到了10年前的暑假，那时还在上大二，学校推出了一个去美国游学的项目，费用是4万块，包来回机票和食宿，老师说："只要在那边干2个月，就能把4万块挣回来。"

看上去是一本万利的生意，作为一个英语专业的学生，连国外都没有去过，想来真的好丢脸。但是那时的我根本出不起这4万块，更没脸向家里要，于是在梦里各种挣扎和焦灼，最后竟然急哭了，嗷嗷的，醒来之后，枕巾湿了一片。

我想，北京也是国际化大都市了，cosmopolitan（世界性的），到哪儿锻炼都是锻炼，只要能跟老外交流就行，后来我跟一法语系的朋友商量，一起去三里屯使馆区附近某西餐厅端盘子，兴许也能学到很多东西。

端了一个星期才发现，那家餐厅是西班牙菜还是意大利菜，我忘了，反正来的客人说话全是嘚嘚嘚的颤音，像小时候玩的玩具枪一样。

那年的暑假过得挺漫长的，好像要过一辈子一样。

我印象深刻的是，有一个内蒙古的同学，家境大概跟我一样，但是他比我好面子。他爸妈从老家赶来，劝他暑假回去，但是他非要去美国，甚至在大街上当着他爸的面大叫。他可以写欠条，这些年的学费、生活费和所有开销，等他毕业赚钱之后全部偿还，看上去好像要和这个家一刀两断的样子。

那天的谈话，我记不太清了，只记得那天的阳光非常刺眼，没有一起吃个午饭，他爸妈就走了，说回家之后，会把 4 万块钱打到他的银行卡上。

新学期开学，出国交换的同学陆陆续续回来了。我问他，在国外两个月干得怎么样？赚了多少钱？口语水平有提高吗？他只是笑笑，然后默默地走开了。

前几天我收到一封邮件，是一个叫 Julia 的女生，从澳大利亚一个非常偏远的地方发来的，此时的她正躺在一张小破集装箱改建的小破屋里的小破床上。

2015 年，她在网上偶然知道了澳大利亚打工获得度假签证的事儿，因为一直有个出国梦，就想出国看看，于是辞掉了工作 5 年的事业单位，递交了申请。

那时她还想开一家咖啡店，想到墨尔本学咖啡，认为理想中的生活不应该是这样按部就班、毫无生气的，她想换一种活法。于是，辞职，出国，跟男朋友异国恋爱。

后来的事情，想必你也猜到了。

事情没有按照她的设想发展下去，原来计划在墨尔本找咖啡店学做咖啡，但是后来却去了离墨尔本十万八千里的乡下，在一家面包店做廉价劳动力。凌晨起床切面包，打扫卫生，工作的时候没人说话，没人的时候更孤独。

她打算过段时间再去墨尔本碰碰运气，但是说实话，她的动手能力一般，做咖啡水平一般。要是真的回国开店，她也心虚。

“朋友圈早就不敢看了，偶尔翻一翻大家 po（发帖）的事，更觉得自己是个 loser，已婚的成家立业，单身的逍遥快活，每个人都在变得越来越好。

“而我，毕业 6 年后竟然在一个自己做梦都想不到的鬼地方做苦力，这种差距和对比带来的痛苦让我崩溃大哭。

“现在的我一穷二白，男朋友不在身边，回国后还是大龄（29 岁）失业青年。在开店的事上，钱不够、技术不足、缺乏自信和商业经验，饼都没画出来，真的体会到了因为自己的愚蠢而付出的巨大代价，这种沉没成本让我头皮发麻。

“出发前的信誓旦旦变成了现在的一地鸡毛，跟家里和男朋友都是报喜不报忧，对过去的决定后悔、对现在的经历痛苦、对未来的前景担忧焦虑，感觉这三种情绪已经要把我撕裂了……社长你是不是想说 no zuo no die（不作不死）？是的，感觉自己真的好蠢好作，现在还像祥林嫂一样哭丧着脸，没救了吧？”

看到这种狗血故事，我也不禁为她流出泪来。

那些无良的媒体啊、公众号写手啊、段子手啊，为了卖鸡汤博关注什么都敢说，整天大肆宣扬辞职去旅行啊、间隔年啊、自由职业啊、开咖啡店啊，把一票年轻人的心忽悠得那叫一个荡漾。

每个文艺青年心中都有一颗自由飞翔的心，不甘被束缚，不甘朝九晚五，觉得自己出去之后就能做出一番什么大事来，仿佛只有这样才能证明自己的无畏、大胆、热血。

然后出去转了一大圈，除了要做的事情被耽搁了更久之外，其他什么也没有改变，去之前不会做的事情，回来之后依然不会做。

你们说感不感人？

以前经常听有些姑娘说，我的梦想就是开一家书店、开一家花店、开一家咖啡店。

每次听她们这样说的时候，我就吓到不行，感觉她们真的会做出什么了不得的事情，后来发现她们同时还说，明天我要减肥，明天我要早点起床，我就松了一口气。

我就发现，很多人其实真的只是说说而已，**因为如果你真的喜欢一件事情，你不会把它当作一种负担。**你说你喜欢开咖啡店，但是给你时间，让你学习做咖啡，你又说你不在行了。

你说你是不是很可笑？

就连邱莹莹这种二愣子，一开始也是喝雀巢和麦斯威尔的主，后来不也是成了咖啡专家，当上了店长！你比邱莹莹脑子还要不好使？

为什么不干脆直接承认自己只是简简单单地吃不了苦、没有耐心、自尊心太强，还整日做梦呢？

很多人都说，我也好想出国打工啊，我也好想辞职旅行啊，我也好想开咖啡店啊，我也好想学英语啊，我也好想……我先明确一下，我鼓励所有人打破现有的生活，鼓起勇气去开辟新的道路，但是我也希望你能认清自我和现实。出国打工也好，辞职旅行也好，学技巧、学手艺也罢，这些都是工具、是路径、是手段，不是目的，你告诉我，你学会了这些之后你要通往的地方是哪里，然后呢？多问自己几个“然后呢？”

这个世界没有不辛苦的自由，很多人没有吹到山顶的风，半路的苦已经让你折服。过去的事情就不要再纠结了，let bygones be bygones（既往不咎），现在最重要的是，如何好好珍惜在澳大利亚的最后几个月，然后回来重新开始。

29 岁，做任何事都来得及。

写到这里，我突然想起前段时间知乎上有人问有哪些大家不知道但很有趣的职业。

有个答案说，在新西兰有一种工作，下雨天工作人员会搭直升机巡逻草原。他要找到那些倒在地上的羊，因为那些羊的毛在雨天吸了太多水，负重倒在地上起不来。他要找到那些羊，一只只把它们扶起来，摇一摇，将它们身上的雨水抖掉。

很多 loser 看完就蠢蠢欲动了，哈，我真想做那个为他开飞机的人，对此我只想说：喂，醒醒。

活着，需要仪式感

对那些
理直气壮向你伸手的人说：
走开。

2

Don´t sit around
waiting to die

过得好的人，
总是比你多一点智慧

好巧不巧，我懂几点人生智慧。

前段时间参加了一个小型分享会，是前同事组织的。参加聚会的大都是互联网人、新媒体人，他们有的供职于大公司，有的正在苦哈哈创业中。

只有我，好像是社会上的闲杂人等，却被冠以自由职业者的 title（名头），误入了这场以职场、人生、智慧为名的座谈。

席间，主持人问我：工作这么多年，你在职场学到最重要的道理是什么？

我说，要有脑子。

所有人都笑了，边上一个相熟的朋友打岔道：社长，脑子是个好东西，但我还是希望你能多长点心。

玩笑归玩笑，职场的道理，我相信即使是那些刚刚步入职场的年轻人也能说出个一二三四来，但是真正能做到不迷茫、不焦虑的少之又少。

在回来的路上，我发了一条微博，我说：

无论你去哪里，这个世界总需要那些真正会干活的人。所以如果你有价值，就不用太慌张，好好工作，好好赚钱，好好打扮自己。在这个过程中，你就会慢慢重新塑造自己，能力、眼界和格局都会不一样，有钱又有魅力的人，不要太抢手！

真正过得好的人，未必能力比你强多少，而是多那么一点点“智慧”。

1. 初入职场的智慧

我曾经一度以为，决定人生命运的是机遇、是运气、是爹妈的社会背景，后来发现其实都不是，虽然那些都是很好的，但是真正决定一个人命运的是你的眼界、智慧和行动力。

我曾不厌其烦地说过一些自己的工作经历，但是有件事一直没说，我处心积虑、小心翼翼地没敢说，其实从上班第一天起，我就知道自己很快就要离职，尽管这个“很快”姗姗来迟，历时五年。

大部分人没有那么好的运气，刚入行就可以找到一份自己满意和喜欢的工作。哪怕一开始很喜欢，在日后的消磨和随着自己的能力和眼界慢慢增长的过程中，也难以维持这种幸福感。

很多年轻朋友曾跟我诉苦，说自己不喜欢目前的工作，有的是因为工资太低了，有的是因为没有成就感，有的是纯粹不喜欢工作内容。

我给出的建议是：**获取，是第一份工作所需要的智慧。**获取经验、技巧和处事态度，这样，才能一步步接近目标。

2. 及时止损的智慧

工作当然不是生活的全部，但是如果用工作的时间来衡量，它占据了生活的很大一部分，所以，什么样的工作能够组成你所期望的生活的一部分，你要想清楚。

我曾经就职于应该算是国内最大的电商平台，这里吸引了非常多优秀的年轻人，藏龙卧虎，人才辈出，凭的是高于行业平均的薪酬以及非常可观的职业前景。

但是也有不少人在进公司不久之后，对自己超长的工作时间不满，对自己每况愈下的身体健康状态表示担忧，但是又不甘心去外面找一份薪资一般、没有平台优势的企业，从而满腹怨气。

也有一些人从一开始就很明白，把这里当作一个跳板，来镀金也好，结识更多的资源人脉也好，或者工作几年攒一些钱，达到目的，转身离开。

他们非常清楚自己要的是什么，不会被世俗的眼光所绑架，也不会用别人的评价来决定自己的生活。

及时止损，是面对困境时的智慧。不停抱怨或踟蹰，只会让你在泥潭中越陷越深，及时止损才是去除烦恼的最佳方式。

3. 明确向往的智慧

一个关系不错的女生，在“德勤”工作，当审计师。

她前段时间突然在微信群里说要去法国学烘焙。她跟我们一大帮朋友说起这事儿的时候，几乎所有人的第一反应是：你确定吗？这边是你好不容易挤破脑袋才进去的“四大”。如果留在事务所干几年，表现好的话，升为经理并不难。职业地位和收入都能进入新的阶层。

去法国，不安全，充满着太多的不确定，你到底是有多想不开啊。

但是她不。她觉得能让自己幸福的，并不是待遇、前景和工作环境，而是新奇和未知，她愿意用一年的时间去做自己觉得对的事儿，并承担所有风险和后果。

曾经很流行一句话：我们的精力分配决定了我们的层次。其实反过来说，我们做什么事情，这件事情价值多少，也是由我们放弃的事情决定的。

我们每个人都习惯以从自己的视角去评价一切，喜欢争对错，但是，殊不知，很多事情本没有高低之别，只是各自所站角度不同而已。

明确，是选择生活方向所需的智慧。生活有太多可能性，但你只有一次人生。明确自己的向往，才得以获得初心，并且全力投入，过上精彩的生活。

4. 人生的智慧

很多人喜欢旅行，说要多出去看看世界才算是见世面，才能增长自己的眼界；很多人喜欢阅读，在书中领略传奇，看得多了，道理就懂了，自然就有智慧了。

不过在我看来，看得多，并不一定等于提高自己的眼界。如果没有思考，甚至都不算是增加阅历。

所以你就知道我为什么在一开始的关于职场和生活的分享会上的回答是“要有脑子”了吧。说得正式一点，即“智慧”二字。

职场中的工作状态其实就像一辆好车，刚步入职场时讲究平稳内敛，不急于显山露水，看准时机再初露锋芒，引起四座惊叹。三五年之后你得心应手了，锋芒毕露时又能恰如其分地急流勇退，不仅随时都有灵活机动的解决方案，更善于整合资源，让周围的人都如沐春风，让职场之路厚积薄发。

这不仅是职场的智慧，也是人生的智慧。

做人、做事和选车其实都一样，在做每件事情之前，都要弄明白背后的原理，而不能仅仅只是粗浅的表面功夫，光从表面上看，谁又能立刻从茫茫人海里发现你的大智若愚呢?

一切都要从删朋友圈说起

我有一个特殊的癖好：删朋友圈。

一般是在晚上 12 点之后，每天睡觉之前，洗完澡躺在床上，浏览一遍今天所发的内容，然后把那些矫情的、做作的、无聊的状态一并删掉。

这个动作，我持续将近 4 年了。有时候感觉自己就像是一个忠诚的基督教徒，在做晚祷。这一天过得或忙碌，或轻松，或喜乐，或忧愁，都感谢天父，让我又度过了平安的一天。

曾经有朋友问我，为什么要这么做？

因为他们经常发现我说话不算数，白天还在那儿信誓旦旦拍胸脯，结果晚上就删了状态，第二天还当作什么事情都没发生过的样子。

我曾经开玩笑回答说，删除状态的感觉太爽啦，就像是删掉了自己曾经是傻帽的证据，这样每一个加我好友的人，都不会被我的过去惊呆！

当然，这只是其中一个原因。另一个原因是，我需要这样一个动作，这样一件看上去琐碎而又似乎不重要的小事，变成我生活中的一种仪式。

1.

为什么生活需要一种仪式？

很多人都看过《小王子》这本书吧，书中有一个章节：小王子驯养了一只在等爱的狐狸，有一天小王子去看它。狐狸对他说，你最好每天在相同的时间来。

比如说，你下午 4 点钟来，那么从 3 点钟起，我就开始感到幸福。时间越临近，我就越感到幸福。到了 4 点钟的时候，我就会坐立不安，我就会发现幸福的代价。但是，如果你随便什么时候来，我就不知道在什么时候该准备好我的心情，应当有一定的仪式。

小王子问：什么是仪式？

狐狸说：它就是使某一天与其他日子不同，使某一时刻与其他时刻不同。

2.

之前很流行新年签，我最喜欢的一个叫“你谢见”。

任何人和人之间的关系，都可以用三个词来形容：“你好”“谢谢”“再见”。所以，要珍惜，不要惋惜。

这个世界，没有什么是不会说再见的。从小一起长大的朋友会再见，情意绵绵的情人会再见，即使是那些口口声声说会永远爱你的人，也许在转个身的瞬间说消失就消失了。

我们都需要对坏了的东西告别，包括一件再也不会穿的衣服、一份没有前途的工作、一段不必要维系的感情，所以我们需要一种仪式，和过去告别。

3.

每当新年或者重大节日的时候，很多人都会显得特别有仪式感，去看一场跨年晚会，给自己买一台新的笔记本，或者给新一年做计划。

也有人辞职或者分手之后就去旅行，并不是说旅行本身有多大的意义，但是在结束一段关系，告别一个身份之后，人都需要用这样一种方式回血，就好像电脑关机重启一样，出去转一圈才有力量回来拥抱新生活。

我有个女性朋友特别作，凡是遇到重要时间节点，都要给自己买一管新口红。

比如，新年要买口红，情人节要买口红，青年节要买，过生日要买，失恋分手要买，遇到开心的事情要买，遇到不开心的事情更要买。

我曾经非常不理解地问，口红这玩意儿，有一个不就够了吗，买这么多干吗，又不能当饭吃？结果遭到她赤裸裸的白眼。

后来我才发现，这种买口红的动作，其实就跟我每天删朋友圈一样，也许在他人看来矫情又做作，但是，日子太苦了啊，我们不仅需要这样的仪式让我们能够有勇气重新开始，更重要的是用它来去除那些生活中的琐碎。

4.

有很多人，对于工作或者学习，未经努力先言弃，但是对于感情却是不见棺材不掉泪。

还有很多人，整天生活得忙忙碌碌，却不过是碌碌无为。

昨天过得怎么样、去年夏天在忙着什么，每次回想过往的岁月，都像是刚从一场昏迷中醒来，不知道失落的是什么，追求的又是什么。日历本上画过的，不过是一个个冷冰冰的数字。

你难道没有发现哪里不对吗？

每次我一想到这样日复一日的生活，就会陷入一种不知所措的境地，想做点什么，让今天可以被记住，让自己接受“今天并没有虚度”的设定，让自己好受一些。

京极夏彦在《不如去死》这本书上说：“道理上讲得通的东西感情上未必讲得通，你所思考的与内心想要的并不一样。有时候明知是正确的，但是心里却在抗拒；有时明知是错误的，却拼命想把其正当化。互相磨合，互相妥协，把不满敲成小碎片，让这些不满嵌在平平淡淡的每一天中，唯唯诺诺地过日子。”

5.

我时常会回翻自己的朋友圈，每一个没有被删除的状态，对自己而言都是值得纪念的 moment（时刻）。有些是当下生活的感悟，有些是当天发生的糗事，还有一些是好久不见的朋友的聚会，一次临时起意的远行。

当然，还有街边发芽的老树，院子里偷吃食物的小猫，有时候仅仅因为起风了，也会随手拍下照片，提醒自己，这一刻与其他时刻不同。

我拒绝朋友圈没完没了的推销，拒绝无休无止的二手鸡汤。我想起朋友圈刚刚推出的时候，slogan（口号）是“开始记录这一天”，但是没人会想到大部分人的朋友圈已经被公司的广告填满了。有一种说法叫年轻人的无趣是从进入公司的第二年开始的，在公司活得就像是台词很少的龙套演员，每天只会说“嗯”“对”“没错”“然后呢”，在朋友圈也失去了真实展示自我的勇气。

或许当你删除那些不必要的状态，剔除那些不值得记录的时刻，等到一年将尽的时候，再来回顾，就会清晰地发现，这一年究竟经历了什么——幸福或遗憾，失去或得到。

所谓仪式感，就是赋予普通的生活一些意义和美感，让生存变成生活。每个人对生活的意义都有各自的理解，需要自己赋予，好的生活并不是指物质有多富裕，而是每天都充满希望。

朋友都是阶段性的

你为什么不理我了？

周末在家躺了两天，吃了一顿饭。昨天半夜，兴冲冲跑到楼下夜宵摊，想给自己点个啤酒、小龙虾啥的，看了好几家店，里面全是三三两两的朋友，在碰杯畅饮，我连门都没敢进去，就赶紧转移目光，假装路过，生怕遇到熟人就跑回家了。

夏天，杭州的天气怎么讲？白天出门，一离开空调房，就像迎面开了一个热气腾腾的高压锅；晚上躺在草席上，关上灯，你就是一枚嫩嫩待蒸的小笼包。

翻来覆去睡不着，想起很久没有打开树洞邮箱了，所以一次性回复了所有的来信，看到读者们过得也不太好，我就松了一口气。

有个叫“心目”的朋友给我来信，说自己与一个认识七年多的朋友渐行渐远，现在变得无话可说，不知道该如何是好。

我给她回复说，**没有什么人际关系是永远不会变的，朋友都是阶段性的。小孩子才会耿耿于怀地问，你怎么不理我了呢？**

成年人最舒服的关系，是我知道你一直在那里，不需要天天联系，即使某天无话可说，想起曾经温暖过彼此，也可以问心无愧地说，我没有失去过你。

1.

有句话说起来或许有些绝对，但是从我自身的人生经验来看，的确如此——你在青春期，很难交到一辈子的好朋友。

很多人都说，现在社会上交朋友的人都好势利哦，动不动就说什么资源人脉。是的，我也快听吐了，但是这并不代表说，学校的朋友、你在青春期遇到的一些朋友，会是你一辈子的朋友。

很多人怀念青春，怀念当时的友情、爱情，因为在那样一个无忧无虑的环境下，大家是纯粹的，靠长相、兴趣、成绩等自身因素吸引彼此，不拼爹，不拼背景，不拼关系。

这些人陪伴你度过最心无城府的那几年，最无欲无求的时光。有一些是你想爱的，有一些是你想揍的，也有一些是点缀的。

这样的画面很美好，总是让你想起那时夕阳下的奔跑，但是这样的场景太过于梦幻，就像泡沫一样，随着走出社会，大家的家庭背景、资源优势凸显，差距就一下子拉开了。

跨越阶层的友谊，这种事情我不太信。

2.

所有的朋友关系，都是阶段性的。

因为每个人都是会变的，哪怕一开始是同样的背景，随着成长轨迹的变化，也会让每个人无论是在物质上还是精神上都拉开距离。

有些人会去大城市上学、工作，之后可能留在那边，甚至去往更大的世界；也有一些人留在老家，干一份稳定的工作，娶妻生子，开始柴米油盐的生活。

这两种人的思想差距可能会大到什么地步？

左边可能会为了同性恋者振臂高呼，右边可能会觉得那个男的怎么这么娘，受不了。左边可能会觉得30岁之后的人生才刚刚开始，右边可能觉得一辈子这样也挺好，或者根本不会考虑这个问题。

我没法说哪种生活更高尚一些。但是拥有如此两种生活的朋友难免会渐行渐远。

英国作家朱利安·巴恩斯在《柠檬桌子》里有这么一段话：那时你还是个孩子，你认为你拥有了许多朋友，但事实上，你拥有的仅仅是伙伴而已。所谓的伙伴就是那些站在你身边，看着你长大成人，然后又渐渐淡出你生活的人。

于是，你开始了新的生活，结婚、生子。后来，孩子们长大了，也离开了你，丈夫也死了。然后呢？然后，你开始重新需要那些能陪你一起走向生命尽头的伙伴。

3.

我始终不觉得，好朋友的关系是需要花很大的精力、费很多的时间去维持的。

就像之前有人写文章说，你费尽心思经营的关系，多半是要断的。你不可能靠点赞就挤进别人的朋友圈，你也不可能靠讨好去维护一段感情。

那些与你毫无关系的人，就是毫无关系的。从第一天开始，其实你就知道。就算笑得甜甜蜜蜜，就算你再努力、再付出，你都得不到同等的回报。

当然爱情也是这样。

可能你也会遇到这样一个人，想要把全部的好、全部的爱都给对方也觉得不够，只要我有，只要你要。有时候生怕自己做错了一点什么，就会惹得对方不开心，午夜梦回，自问自己哪里不好。

亲爱的，但那不是友情，是乞讨。

4.

这些年，我对朋友关系特别想得开。

朋友是互相吸引的，不可强求，有知己二三，已经是人生幸事。

是你的朋友，你逃不掉的，他难过的时候会找你，他开心的时候会找你。就算你们三年就见一次面，就算你们相隔十万八千里。

每个人都是独立的个体，只要你把自己装扮好了，喜欢你的人会有，欣赏你的人也会来。你要去追一段关系，八匹马，你都追不到。

5.

有句话叫作——你是你身边最亲密的六个朋友的平均值。

这个平均值，不仅仅是财富、地位，更是价值观，这些东西都不会是一成不变的，每天都是流动的。

所以过分执着于一段旧感情真的是吃力不讨好。

有时间不如多提升自己，也许过一段时间再往回看，你就会发现，那些青春里觉得天要塌下来的烦恼，其实都不算是什么烦恼。

想起刘瑜曾说，有些人注定是你生命里的癌症，而有些人只是一个喷嚏而已。真是绝妙。

说好的断舍离呢？

脱离对外部世界的依附。

真是谢天谢地，李安的新电影《比利·林恩的中场战事》在昨天凌晨（2016年11月11日）终于上映了，让我在所有人都在网上买买买的时候，能够像躲一场瘟疫一样找到一个安静的角落打发掉最初的两小时。

但我还是太天真了，半夜三更悄悄溜进电影院，边上的男女几乎都抱着手机，一惊一乍地发出“哎呀哎呀哎呀”的声音，电影开场前的几分钟也全是电商网站的促销贴片，各种打折消息铺天盖地，好像有人扼着你的脑袋，不断地朝你的耳朵喊：快去快去快去快去狂欢起来。

好了好了好了，你不要再说了，我买还不行吗？于是从电影院回家，躺在床上胡乱翻了一会儿，买了一双鞋就睡去了。

早上醒来，大家在群里交流，询问昨天晚上都买了什么。

有个朋友说："我感觉自己已经有点神经病了，连买双 300 块的鞋子都要想很久很久，放在购物车都快过期了，这次打折才买。"

其他人惊叹：不会吧？你一个月赚那么多钱，至于这样抠吗？我们又不找你借钱。

她说："我只有在给家人、给男朋友、给我们家狗买东西的时候没有罪恶感，给自己买东西，但凡超过 100 块都需要做很长时间的心理建设。"

1.

我没说话。

因为我对她的话太感同身受了，昨天本来想买一件冲锋衣，但是躺在床上思来想去，被角都快被我咬破了，还是没舍得买。后来一想起曾经有人说"把冲锋衣当日常搭配的人，基本上等于放弃自己了"，我就索性关了手机。

放下手机的那一刻我在想：其实按照自己的收入来说，买一件冲锋衣并没有负担，虽然我现在也没工作，但是不要脸如我，每次在网上靠写一篇文章也能有四位数的打赏，为啥还是买不起一件冲锋衣？

我觉得不是一件衣服我 afford（担负）不起，而是穷怕了，没有安全感，赚钱不容易，除非是真的有用，任何装饰门面的东西其实都是没必要的。

2.

就好像我那位做自媒体的朋友。

在我们看来，她的生活真的非常光鲜亮丽，拥有一份稳定的媒体工作，压力并不大，虽然薪水一般，但是在她居住的城市，算是相当体面。在前几年房价还没有这么疯狂的时候，她就把房子买了。

业余经营的公众号，在一年内用户突破十万，平时偶尔接点小广告，这种生活在我看来是非常惬意的。倒不是说这种生活有多么大富大贵让人羡慕，我是觉得这样的生活饱满而有期待，是很让人安心的。

即使如此，她在面对一双 200 块的鞋子时，还是有点犹豫不决，买化妆品、买衣服超过 500 块她能饿自己好几顿。

我曾跟她探讨过关于贫穷和克制的话题，她说：“真的，小时候的贫穷太可怕了，也许那些有钱人的孩子永远不可能体会到没钱默默煎熬的滋味。因为贫穷，所以自卑，所以敏感，做任何事情都变得小心翼翼、唯唯诺诺。

“即使现在赚到一些钱了，也不敢大手大脚，不知道什么时候会一夜回到解放前。”

3.

因为做公众号的关系，去年我在知乎上还认识了一个大 V，加拿大移民，反正是爹妈的钱多得不要不要的那种。

用两句话形容他非常贴切，所有人都在努力拼搏去罗马，他一出生就在罗马；不要让孩子输在起跑线，他出生在了终点线。

去年他回国探亲，顺便到杭州来找我玩儿，于是就再没回温哥华，“我宁可在你家打地铺，也不想回加拿大住别墅。”他说。

后来我才发现，尽管他爹妈现在很有钱，但也都是辛辛苦苦起早贪黑做生意慢慢积攒出来的财富，对他的教育还是过去那一套，生活上除了一些特别必要的开销，基本不给多余的零花钱。他来找我的那天，用的还是LG 手机。

我说你能不能有个富二代的样子，不要试图混入我们 loser 圈啊。他说，有钱人的生活可能跟你们想象的不一样，他们过得比普通人还要节俭得多。

4.

这种节俭，一方面来自过去的贫穷，知道一切得来不易，更重要的是，当你获得过之后，你会发现其实不过尔尔。

比如你今天买了一大堆东西，很多东西是为了增加自己的生活品质，但是很快你就会发现，其实给自己造成了很大的负担。

你下单，仅仅是因为它便宜，当你买了一件衣服的时候，你就想配一条裤子，买了一条裤子，你又想买一双鞋子，或者一个包。

那么我问你，你的那半管口红呢？用了一半的洗面奶呢？拆了一次的面膜呢？说好的断舍离在哪里？说好的极简主义的生活方式在哪里？说好的控制你自己呢？

5.

我一直认为，无论是靠爹妈，还是凭运气，抑或是通过努力，你得到一些你其实不必要的东西，幸福感并不会更高。

因为**人的需求是很奇特的，欲望是难填的。与其瞎凑热闹买一堆给自己造成负担的东西，不如多花点时间把家里那些不必要的东西清一清。**有句话说，一个人能否感到幸福，取决于他在多大程度上脱离对外部世界的依附。

最后，恭喜你们，现在不仅仅是光棍，而且还是穷光棍了。这个月我就静静地看着你们吃土。

假如你是樊胜美

孝，应该是相对的。

社长：

我现在真的太痛苦了。痛苦的根源很复杂，最直接的就是我小时候父母离异了。这是我心里的一根刺，已经折磨我十几年了。

我老家是西北的，就是很有名的牛肉面的故乡。我被判给了父亲，我母亲带走了我弟弟。母亲走后，我并没有在父亲身边，我和爷爷奶奶生活在他们的老房子里。

一直到五年级，我才回到了父亲身边。我父亲有了他自己新的家，我也有了个可爱的妹妹。我一个在黄土高原的农村长大的丫头，没有见过世面，嘴巴又笨。可想而知，日子是怎样的。

有次带妹妹出去玩，有人竟然问我，带这样一个小孩每个月能拿多少钱？那个时候不知道伊利优酸乳是什么滋味，因为家里只有我妹妹能喝。

现在想想真是可笑呢。

我的继母一开始对我并不好，她大概在我上高中时才开始对我好一点的吧。小学、初中，甚至是上大学，我觉得最痛苦的一件事就是跟他们要钱。每次都要在心里斗争很久，总觉得这是一件很羞耻的事情。

我母亲是个传统的农村妇女，没受过什么教育，思想也很封建，一直觉得我父亲对不起她。虽然她也再婚了，但是我不知道她过得怎么样。这些年我见过她的次数两只手就能数得过来。

我弟弟也觉得我父亲亏欠他。

2015年的时候，因为一些事，我和弟弟闹翻了，他删了我QQ、拉黑了微信。从那时候开始，我们再没有联系。我和我父亲的关系并不好，起码我是这么觉得的。因为我也恨他，有那么几年，我拒绝叫他爸，我知道他也很难受。

我弟弟是去年毕业的，一直没找到合适的工作，花钱却很快。这两年他跟我父亲要钱花。我父亲觉得亏欠他，多多少少都会给。

平时我和父亲的联系也很少，每次他发微信给我都是谈论我弟弟，从来没有问我过得怎么样。过年的时候，他甚至跟我算我每个月工资多少，过节费每年能拿多少，年终奖能拿多少。我虽然心里不舒服，却也没说什么。

我也不知道我从什么时候开始有离开那个地方的想法，这种想法根深蒂固。所以大学在“长三角”读的，毕业后工作在“珠三角”。我从来没有想过回去。因为我真的不想面对过去，不想周围的人都对我说，你要理解你的父母，事情已经这样了。

可是今天，我爸，我亲爸，居然跟我说，他帮我弟出首付在老家买房，让我攒够10万块拿去装修。

我一下就火大了。跟他说不要算计我，我不会给他和我弟弟一分钱。

我跟他在微信上这么说完，突然觉得很委屈，躺床上哭。甚至在写下这些文字的时候，我的眼眶里依然有眼泪。

我现在是有几万块的积蓄，可是我不想拿出来。这几万块是我工作两年来的所有积蓄。有时候我父亲跟我说，省着点花钱，你一个月吃饭多少，零用多少，剩下的都可以存下来。

一个人在陌生的城市工作、生活，没有一个人关心，有时候加完班等公交的时候总会特别想哭。每次这么难过的时候，只能自己偷偷躲起来哭，不知道找谁去倾诉。我恨这个世界，可是我也爱这个世界。有时候觉得活着很没意思。

我经常笑着跟自己说，我是个快乐的没有过去的女孩。社长，我真的不知道该怎么办。

Jin

Jin：

你好。

收到你这封来信的时候，电视剧《欢乐颂》正在热播，我脑海中的画面，都是樊胜美的母亲打电话的场景：小美啊，你无论如何要帮你哥哥啊；小美啊，你的心怎么这么狠的啦；小美，哎，小美……

在我的观念里，你要生孩子，原因只有一个，两人彼此相爱，故而产下结晶。

因为你爱对方，所以也爱你们的孩子，你愿意为孩子付出自己的时间、精力和金钱，不求他飞黄腾达，只希望他能健康快乐成长，如果做不到这些，生娃就如同制造一个新的人生悲剧。

所以，Jin，我给你的建议是，首先，别被传统的“孝道”观念束缚，从你的来信看，我不觉得你的父母是一对合格的家长，也许他们也有苦衷，但是任何的苦衷都不是忽视你的理由和借口。

其次，摆正自己的位置。在一个重男轻女家庭环境下成长的女生，你本来就是这个家庭的附属品，是一个外人。不必难过，反而应该庆幸，因为你终会摆脱这个家庭，会有自己的爱人，会有自己的孩子，那才是你的家和你以后的人生。

然后，走，越远越好。不必经常打电话，告诉你的生活如何，你的苦闷家人无法理解，你的欢乐会变成他们下次找你拿钱的把柄。

赡养的责任要有，但是必须坚定自己的立场。回家吃饭的时候，问问菜的咸淡就好了，千万不要扯上亲情。

生命的确是父母赐予的，但这并不代表我们要背负一辈子的心理债。所有的爱与被爱，都应该是良性的互动。

还看过一个新闻，也很可笑——《女子从小被外婆带大，父母逼她出10万元给弟弟买房》，看得我真是10万只羊驼在心中奔腾。

所以，如果你也是“樊胜美”，我希望你能卸下思想负担，然后摆正自己的立场，走吧，越远越好。

也许有一天，等你也做父母了，或者老了，诸事看尽，会发现世事也不过如此，感情来之不易，不要随便浪费，包括爱，也包括恨。

我们都知道生活从来都不是公平的，喜剧也好，悲剧也罢，像是一个大转盘，下次会发生什么，你预测不来。没有什么好人一定会有好报，也没有苦尽一定会甘来，不要指望有一天恶人会良心发现，终于明白你的好。

我们都等不到那一天，我们能做的就是对自己好一点。**浑蛋些，无耻些，对那些理直气壮向你伸手的人说：走开。**

祝你幸福。

有些成功，并不值得炫耀

那是一个人的人生啊。

1.

认识一个职场女强人，生了一对双胞胎，超级超级超级可爱。

别人在朋友圈晒娃，我的第一反应是果断屏蔽，但是看到她的孩子，我只想束手就擒，天哪，怎么会有这么可爱的生物，请每天多发一点吧。

有个朋友，在天猫开店的，也是一个事业上的女强人，非常讨厌熊孩子，当听说我这个朋友生了一对双胞胎，她用了四个字形容这场“惨剧”：祸不单行。结果呢？看到这对双胞胎的照片之后，被迷得不要不要的，还拉着我问孩子的生日、星座、性格，非要送人家孩子礼物。

我把消息转述给那位朋友，结果这位妈妈更奇葩，孩子的事情一问三不知。我说这孩子不是你亲生的吗？为什么啥事情都不知道啊？她说：孩子现在送回老家了，让我妈妈带着呢，我哪有时间照顾啊。

我说天哪，你太牛了。我本来还以为你挺厉害的，职场女强人和时尚辣妈，事业干得风生水起的，孩子又照顾得好，原来你这是在云养娃啊。

云养娃，真是牛爆了。

2.

我就发现，有时候中国人的逻辑真的非常奇怪。

就是很多人，无论是成功人士，还是那些疲于奔命的普通上班族，可以为了成功、为了事业、为了金钱，随意处置自己的孩子，牺牲掉陪伴环节。每次在电视上、书本上、什么演讲论坛上，听到有人说自己如何努力、如何拼搏，连照顾自己孩子的时间都没有，我就觉得特别荒唐。

从什么时候起，连没有时间照顾孩子，都变成一种炫耀和博取同情的资本了？我看川普还时不时在社交网络上秀一秀自己外甥女的视频呢，怎么，你比美国总统还忙？

这样的成功，到底有啥值得炫耀的啊？

3.

我一直觉得，衡量你是否真的在意一个人，不是说你愿意为对方花多少钱、付出多少感情，而是愿意投入多少时间。

我们经常听到有人说：我忙，我没时间啊，我有很多项目要做，有很多应酬。我就想问问，到底是什么工作啊，能把一个人的 24 小时都搭进去？

你可能会说，现在孩子还小，我这么努力，还不是为了孩子嘛，不想让孩子输在起跑线上，希望孩子有一个更好的未来。

对于父母，最辛酸的事是什么呢？就是孩子的一点小小的愿望都没有办法满足，但对孩子来说，陪伴就是他们最大的愿望。

之前看心理学相关的书，从小缺失家长陪伴、没有建立亲密关系的孩子，在长大之后，更容易变得冷漠、缺乏安全感、患得患失。

我从来不觉得那些自私的父母、忙到没时间管孩子的父母，就算在事业上取得如何高的成就、赚到了多少钞票，算什么所谓的成功人士。

正如我从来不相信，那些整天疲于奔命，忙到没时间停下来照料家庭，缺乏耐心，生活苦闷的人，会有足够的情感面对一个小孩。孩子以后又会如何看待自己的父母和自己缺失的童年？

4.

今天在网上看到一则视频，关于大城市的失陪儿童。说目前有很多孩子，他们每天能见到父母的时间平均不超过一个小时。

大部分家长和孩子的沟通方式就是视频通话，每次孩子想爸爸或者妈妈了，就打电话过去，但是聊不了几句，就被随便打发掉了。

有个片段让我很受触动，在一排童鞋面前，让家长猜一猜自己的孩子会喜欢哪一双鞋。所有家长的反应，要么就是把“我不太知道，我平时太忙了，没给孩子买过鞋”作为托词，要么就是非常主观地觉得孩子就是喜欢某一双。

结果当然很遗憾，几乎没有一位家长答对。他们其实根本就不了解孩子的喜好，却一厢情愿地认为自己最懂孩子。

这个视频让我很难过，因为我仿佛看到了自己的影子。以至于长大之后，看到父母极力想要讨好自己，想要弥补过去的遗憾，心底涌起一阵辛酸。美剧 *Causal* 里有句经典台词：父母花了一生的时间在等待我们的感谢，我们花了一生的时间在等待父母的道歉，我们都等不到。

5.

是的，对平凡的成年人来说，所有的梦想都是为生存服务的，我们努力生活，努力赚钱，一方面是为了实现自己的价值，另一方面是为了让孩子有一个更好的未来。

我能原谅家长，为了生存一时忽略了孩子的感受，但是我无法忍受有人把缺失陪伴当作自己功成名就之后炫耀的资本。

在《请回答 1988》里有一幕曾让我泪目，就是德善和爸爸闹情绪，她觉得爸爸妈妈只关心姐姐和弟弟，自己被忽视了。

爸爸找到德善，在小卖部外面跟她说："爸爸也不是一生下来就是爸爸，爸爸也是头一次当爸爸。"听到爸爸的话，那一刻我情不自禁地哭了。

是的，没有人生下来就会当家长，当家长也不用经过考试。但是对很多孩子来讲，其实他们要的是如此微不足道，却变成了一种奢望。我一直觉得那些生而不养的家长，比那些坚持不生孩子的家长，更没有责任心，更不要脸。

孩子不是一件玩具，你不想要了就可以随意处置，孩子也不是一个游戏，玩坏了可以重启再来，那是一个人的人生啊，你们说呢？

跟自己被定义的前半生说：滚

不要因为任何事情，
丧失了享受喜欢的一切的能力。

3

Don´t sit around

waiting to die

如果你想过不讲究的生活

每个人都应该对自己的人生负责。

我今年 32 岁，未婚，自由职业。

仅仅是这么一行字，我觉得大家就应该对我肃然起敬，我是怎么在这个对单身者不友好的社会中存活下来的，这么多年，那么快乐。

放心，我绝对没有要为独身主义代言的意思。试问哪个男孩或女孩不想谈几场醉生梦死的恋爱，举办一场做作又精致的婚礼，和喜欢的那个人，永远幸福安稳地生活在一起？

一直以来，身边很多朋友，都觉得我找对象太不上心了，完全就是消极怠工，因此前几天我还在文章里立下 flag（旗帜）：今年的首要目标就是找到对象。现在的我，就像西湖一样，24 小时全天候免费开放。本人美颜之后 7 分，身高 173cm，跳起来有 185cm，喜欢旅行，喜欢音乐，人称手机唱吧小医生，期待您的光临。

皇天不负有心人。在 3800 位好友的极力推荐和转发之下，终于，有一个妹子加了我的微信，简单地聊了几句，我约她周末一起吃个饭。

于是，周日早上，我就发微信给妹纸，问她下午有没有时间吃饭，她说：请问你哪位？

我当时的心情，就像是站在奥斯卡舞台上的达米安・沙泽勒，本来应该颁给我的奖，却因为乌龙一场泡汤了！你们知道比悲伤更悲伤的事情是啥吗？比悲伤更悲伤的是空欢喜。

为了让自己好受一些，我就给我的朋友小小遥发了微信，问她有没有遇到过特别奇怪的相亲对象。她立马兴致勃勃地跟我讲了她的经历。

之前经朋友介绍认识一个男的，约在咖啡馆见面，对方各方面条件都挺不错的，穿着、谈吐，都给人很好的印象。她很心动，觉得自己坚持了这么多年，终于等到了自己心仪的白马王子，此处自带等了好久终于等到今天的 BGM（背景音乐）。

她连孩子叫什么、以后应该在哪儿上学、要是儿媳妇不孝顺之类的问题都想好了。结果，晚上，突然收到对方发来的一条微信，问：你是不是处女？就是想问一下，希望不要介意。

我朋友当场气炸，火速拉黑，之后再没联系。

这种故事，可以说真的很悲伤（喜闻乐见）了，于是前天晚上，我通过网线向大家征集话题——你有没有过相亲经历？有没有遇到过奇葩的相亲对象？快来跟江大夫分享一下。

我就发现大千世界，无奇不有。可以这么说，没有相过亲的人，就不足以谈人生了。

来，跟着江大夫的节奏，一起看一下大屏幕：

有过几次相亲经历，奇葩的也见着过，有一次相亲吃饭，他点了大猪蹄，还一直让我吃，但是吃猪蹄吃相那么丑，我怎么也下不去筷子。

本人，女，第一次相亲，感觉彼此名字还未熟悉，对方就开始问工作在哪儿，有无五险，需要出差吗，可能升职吗？一串问答下来，就极肯定地把我排除了，剩下一脸蒙圈的我感觉自己面试没过。

来说相亲的算吗？那天早上，我还没起来，床头忽然出现两个不认识的大婶，说来给我介绍相亲对象。我被气疯了，大早上的就被相亲！怎么可以随意进别人房间啊！进来怎么不敲门啊？！其实气的都不是那些，而是我有裸睡的习惯啊！

就相亲过一次，亲戚介绍的，结果第一次见面吃饭的时候非要吃烤羊腿。一整个羊腿在炭火上烤需要自己动手切的那种。我是一个妹子啊！咋下得去手！好吧，他帮我把肉切下来之后还问我要不要啃骨头。30厘米长的羊腿骨，我一妹子第一次见面咋啃？！也是不太懂，为什么相亲第一次见面要选择吃这种“糙汉”的食物，吃点正常的中餐或者西餐不好吗？

单位领导给我介绍了市某领导的儿子，见面后他直接说我就想跟你们这些草根多接触。那些什么某长女儿之类的真是没劲！好的，我让你看看草根多有劲！果断拜拜没毛病！老娘谁的面子也不给！去你妹的草根！

丑八怪相亲才关心高颜值，还只看家境。

遇到过奇葩的，第一次见面约会就讲他的上一段恋情以及异常私密的事情，说实话我真心觉得对方没有必要如此掏心掏肺，直接导致我一想到他就有画面感，还好没有第二次了。

之前相过一个，据说是和我爷爷同村的亲戚，这就算了，第一次见面去高级西餐厅吃饭，她居然把一只脚撩到椅子扶手上。自己刚辞职却又看不起这个看不起那个，说话经常以哼开头。

相亲男在艳阳高照的夏天约我出去轧马路，算吗？不太算相亲，反正也就是家长找人介绍，说是就算不合适，交个朋友也好，去了之后把我气得坐地上哭得直打嗝！我缺普通朋友吗，我非要去相亲？

我想说说媒婆，这是一道阅读理解题，高大 = 胖，175cm=170cm，相貌好 = 不咋的。你们自己感受一下。

看到大家都有类似的经历，我简直松了一口气。那句话怎么说的，当你看到相亲对象时，你就知道你在介绍人的眼里是什么货色了。

也有朋友惊讶地反映说，为什么没有人给我介绍对象？每次一说自己是单身的时候，很多人都会睁大眼睛说你怎么可能还是单身？

亲爱的，大概是你在朋友圈制造了你过得还好的假象，所以就一直没人给你介绍。

下面再让我说一些江大夫的扎心话：

首先，我并不鼓吹独身主义。如果说婚姻是一种合同，只是为了找一个人搭伙吃饭解决性生活，那么这件事情真的是太简单了。

一个人，过得幸福或不幸福，快乐或悲伤，都不该用婚姻去定义。

其次，如果你想过不将就的生活，那么需要更加努力，保持独立，因为当一个人与众不同时，注定要接受更多世俗眼光的检阅。

接着，每个人都应该对自己的人生负责，没有人可以替另一个人享受幸福或者承担痛苦。

最后，婚姻也不是结束，那是另一种生活的开端，如果你选择开始一段婚姻，意味着你要融入另一个人的家庭关系，意味着你们要一起做很多也许谈不上享受的事情，如果对另一半没有很多很多的爱，怎么可能很好地维持下去呢？

30 岁不婚非怪物

不要丧失享受剩余世界的能力。

感情问题写得多了，莫名就被当成了情感专家。

经常会收到一些咨询情感的留言，什么男朋友要跟我分手怎么办啦、如何才能追到男神啦之类的。遇到头像好看的，我就热情回复和鼓励一下，遇到头像不好看的，我真是白眼都能翻到后脑勺，心想长成这样还这么矫情也是服了，于是默默拉黑。

有一次打开电脑，收到一封邮件，是一位广州的姑娘寄来的，大意是说今年 30 岁了，工作稳定，颜值 7 分，身高 165cm，跳起来 170cm，喜欢文艺，总之各方面条件都还不错，但是至今没有对象。

她给我来信，是想问一下，我在公众号上征集的撩汉指南到底什么时候推送，觉得这个指南一定能成为拯救她的宝典，我再不推送她就要孤独终老了。

另外，她想让我分享一下，作为一个连续单身32年的骨灰级单身，是如何在这个残酷社会中存活下来的。

我的回答很简单——**30岁不婚非怪物，不要因为爱情，丧失了享受剩余世界的能力。**

1.

我不知道为什么，现在的人，对30岁有那么大的执念。好像过了30岁，不做点啥这辈子就完了。

他们会说，天哪，你都30岁了，你居然还没有＿＿＿？在这个空格处填上对象、房子、工作、车子、钞票……再配上对方一脸错愕惊讶的表情，你都怀疑自己是不是做错了什么，如此让对方替自己难过。

古人云：三十而立。于是，在很多人的眼中，活到这个年纪应该要成家，应该要立业，什么年纪就要做什么样的事情，否则就是大逆不道。

可遗憾的是，很多人连什么是爱情还没整明白，就已经踏进了婚姻；我连责任都不会分担，就开始了柴米油盐；连自己的人生都还没搞明白，就开始造出了另外一个人生，甚至两个。

古代人的平均寿命只有五六十岁，有的50岁都活不到，孔子活在当代，恐怕会说五十而立吧？

2.

时代不同了，标准也不一样。

在我们小的时候，真觉得 30 岁好老啊，30 岁的人都被我们叫叔叔阿姨了，都应该有孩子了。

等到自己也不小心到达了 30 岁的门槛时，你会发现，其实 30 岁真的没什么，老子还是宝宝好吗？

按照王小波的话说，这应该是你一生中的黄金时代，什么都锤不了你。

这时的你还年轻，无论是贫穷还是富裕，无论是单身还是有伴侣，经历着怎样的生活，都是人生中精力最旺盛的时期，你可以选择去爱，也可以选择独处。

最丧的一种，就是让自己陷入一种会不会孤独终老的情绪中，在 30 岁活得小心翼翼、一惊一乍的，简直就是奇耻大辱，好吗？

3.

然而总是有很多人，把婚姻当成一个到一定年龄就必须完成的任务。

这个任务背后的大 boss 往往是由爹妈、长辈、八竿子打不着的亲戚来充当，在你每一次家庭聚会的饭桌上，他们总是能在三句话之内成功地把话题引到你什么时候带对象回家、什么时候结婚上面来。

身边有一群 30 多岁还没有结婚的人，在我看来，各方面条件都很优秀，只是因为单身，每次回家的心情都好像赴刑场一般壮烈。

在很多人眼中，到了30岁不结婚，就是怪物。怪物要么就是长得太丑，要么就是太穷了，要么就是性格有缺陷。

等他们见了真人之后，发现以上都不是，他们又会发出这样的感叹：长得好看会打扮又如何，连对象都找不到；会赚钱又怎样，还不是单身；女人不要这么拼，最重要的还是嫁一个好老公。

总之，在这些人的标准中，单身就等于没有人要，就等于这个人有问题，就等于人生失败，就等于不孝，这是他们的逻辑。

4.

Lindy是我在北京的同事，比我年长好几岁。

她凭借自己的努力，在北京早早就买了房子，一个人生活得有滋有味。时常看她发朋友圈，把家里布置得跟个花园似的，种着各种不知名的植物和花。

昨天我还跟她感叹，我说你这种生活真的太让人眼红了。她说：你不知道，我刚刚在做饭，灯泡突然坏了，换灯泡的时候差点没从椅子上摔下来。

我说，那你赶紧找个给你换灯泡的人咯？她笑笑说，可是老娘还是成功换好了。

说起结婚这个话题，Lindy说自己已经很久没有回家了，每次回家，总是逃不开被逼婚。

起初，她爹妈以每周三个电话的频率催促，渐渐地，看她态度坚决，而且一个人也生活得很好，就不一直催了。

我说，那也可能是他们放弃你了。

她说，恰恰不是。

有一次她很严肃地问爹妈：你们真的是想要我幸福，还只是想要我结婚？父母说，幸福。那好，如果我嫁给了一个我不喜欢的人，或者不合适的人，我明知道不会幸福，你们会让我结吗？

父母犹豫了。

他们可能也明白了，如果把子女结婚晚，或者保持独身，或者不结婚，当作一种不孝，其实是一种很愚昧自私的想法。

在这样一个境遇里，默默承受一切的其实还是自己，对吗？无论是那些想要找对象但是找不到合适的，还是因为某些原因错过而不得不保持独身的人，所有无奈、痛苦、压抑不都得自己扛着吗？

爹妈的唠叨，如果做不到正经止痛的阿司匹林，起码不要做压死骆驼的那根稻草。“找不到真爱，我已经很难受了，你们还在那儿说啊说。”

5.

30 岁不婚非怪物。

这个时代，只要你培养好自己赚钱的能力和取悦自己的能力，无论怎样你都可以过得很好。

我们对爱情依然抱有美好的幻想，但是在爱情之外、还有诗和远方、排骨和汤、火锅和麻将，不能因为爱情，失去了享受剩余世界的能力。

至于会不会孤独终老，我的答案是：只要你有取悦自己的能力，就永远不会。

不要用自己的标准去意淫别人不幸福。

至于什么撩汉指南，那纯属扯淡，你只要好好做你自己，欣赏你的人会有，爱你的人会来。长得好看又有钱，谁还怕单身啊，你说 dei 不 dei？

没有共情能力的婚姻，跟守寡一样

我觉得看到标题，
你们就应该对我肃然起敬了。

这个时代的年轻人其实挺好笑的，如果你认真观察过他们，就会发现当代年轻人的爱情观是随着网络事件波动的。今天谁谁宣布在一起了，大家就哗一下跟潮水一样涌过来了，明天哪个明星出轨了，大家又哗一下表示不会再爱了。

感觉整个社交网络上的人都是老戏骨。

前段时间有两件事情，对人们的感情婚姻观念冲击很大：第一件是榆林产妇跳楼事件；第二件是薛之谦宣布复婚的消息。

今天先说第一件。榆林产妇跳楼事件发生后，我关注的公众号十个里面有九个都在写相关话题，大部分博主把矛头指向产妇的老公以及家人，比较流行的说法是——只有当你生孩子，你才知道自己嫁的是人是狗。

我朋友圈的女生朋友和妈妈们，感同身受，纷纷转发支持，还有一部分单身女性把该事件列为自己的日常恐婚系列。

这几天事件不断反转，先是医院在凌晨放出来产妇下跪的视频，随后家属称那是因为产妇痛到跪下，而不是下跪求家属签字要求剖腹产。

然后两边开始扯皮，双方各执一词。

让我震惊的是，两边的人貌似都没有特别关注产妇的痛苦，好像急于把责任拎清，然后继续过自己的日子。

昨天上微博，看到韩松落说了一段话，我觉得非常对。

他说：我在小地方生活过很多年，对小地方的人的性格有深刻的了解。小地方的人，都活得不那么积极，不那么热情，不那么醒觉，不那么主动。他们都像是半睡着，像是缺点啥，从不相信自己竟然可以在某些方面做主，可以过得更好，可以主动干预世界，干预人生。

但是这样的事情，只发生在小地方吗？只发生在一个懦弱的丈夫和一个浑浑噩噩的医生身上吗？

我们都知道有这么一句名言，这个世界上没有真正的感同身受，针不扎在自己的身上，是不会感觉到别人的痛的。

所以，人在寻找伴侣的时候，在财富、智商、情商的能力之外，还要加一个“共情能力”的勘察。

什么叫共情能力？

根据心理学的解释，共情（Empathy）能力，指的是一种能设身处地地体验他人处境，从而达到感受和理解他人情感的能力。

说得通俗一些，就是你找伴侣，要找一个能探查你情绪，并能主动给你回音的人，开心时一起开心，难过时一起难过，设身处地地为你着想，悲喜与共，而不仅仅是搭伙做饭，却不在一个频道的。

刻薄地说，找一个没有共情能力的伴侣，其实跟守活寡没有任何区别。

现在很多男人，娶个老婆等于找到了一个免费保姆、生育工具，以及有了合法稳定的交配权，回家吃饭、看电视、打游戏，totally（整个）一个甩手掌柜。

武志红老师说过：一个焦虑的母亲，一个被束缚的孩子，一个毫无存在感的父亲——基本是当下家庭的常态。

前几天我朋友发生了一件事，让我很感慨。

朋友和她男朋友已经相处了6年，刚刚怀孕，因为不在计划之内，所以打算趁着十一假期就结婚。

但是她突然跟我说想分手，不要这个孩子了。我当时吓了一跳，问她怎么回事，之前不都是好好的吗?

她说：怀了孕才发现其实我们俩真的不合适。我朋友这几天因为要准备结婚，又怀了孕，所以一直想着把婚礼举办得好一点，并且托朋友找私立医院，但是他男朋友觉得没有必要，公立医院一样可以生。两人第一次去做产检，我朋友去拿号、排队、交钱，男人时而玩着手机游戏，时而冷漠地站在一边，好像这件事情都与自己无关。

每次她提出要改善生活品质，或者畅想有了孩子之后应该怎么过的时候，男人就会觉得她过于物质，太虚荣了，或者边玩着手机边说没有那个必要。

朋友心灰意冷，我也就不打算再劝。

和一个没有共情能力的伴侣结婚，就像是婚姻生活中的一颗定时炸弹，你的快乐和追求，对他来说，已经变成了一个负累，而你的痛苦和难过，在他看来也变成了与己无关，当你在为生活拼命努力的时候，另一半却冷漠地袖手旁观，仿佛未来是你一个人的事。

这样的婚姻，与其说是守寡，其实还不如守寡。

至少守寡还不用天天面对着一个活死人，给自己添堵。

相信看到这儿，很多朋友都会有疑问，是否有共情能力，相处后才能知道，尤其是结婚生孩子这样的时刻，特别能看出一个人的品性。那么如何在最开始的时候，就判断一个人有没有共情能力呢?

首先，我觉得要看他平时跟你聊天时的话题和语气。一个没有共情能力的人，大都活得自我，不管说什么，都能在三句话之内，成功地把话题引到自己身上。他们说任何事情都是我怎样怎样，完全不考虑别人的感受，有时候你的白眼都翻到后脑勺了，他还在那儿说啊说。

尤其是当你跟对方吐槽，或者倾泻负能量的时候，我们要的并不是什么大道理，也不需要对方提出真实有效的建议，更不需要他拿出什么案例来帮助解决问题，我们要的仅仅是倾听，等自己发泄完了，很多负面的情绪就得到了缓解。

其次是看两人发生争执和矛盾时，对方的语气。有些人能够设身处地地考虑别人的感受，分析对方为什么不开心，然后想着怎么安慰，而有的人一上来就是自我辩解，给自己开脱，找理由，然后把错误赖在别人身上。

最后，我觉得，还要看他对陌生人、小动物、大自然的态度。

如果你的伴侣，对陌生人和小动物都怀有爱心，对自然也抱有敬意，那么这个人应该差不到哪里去。就像知乎网友说的：怎么提高自己的共情能力？答案是养一只小狗，然后好好照顾它。

我们不合适，分手吧

好的，快滚吧。

不知道是不是因为高考或者毕业季临近的原因，最近读者中跟我说分手的朋友特别多！

为了缓和我不知道该如何安慰这些分手情侣的尴尬气氛，我连夜通过网线征集话题——你见过哪些奇葩的分手理由？

目的就是让大家心里好受一些！

不然呢？不然你以为我是受虐狂吗？作为一个单身32年的boy，没事发这么虐心的话题？闲言碎语不多讲，我们先看一下大屏幕。

1. 你是QQ会员，我配不上你。

2. 大学时两位云南老乡谈恋爱，几个月后男生提出分手，理由是：你不是基督徒，我们贴得再近，灵魂也隔着宇宙。

3. 两个人的家离得太近了，将来生的小孩不聪明。

4. 你上厕所都不喜欢关门，小便不掀马桶圈。

5. 前男友对我说：“我得了绝症，不能这么耽误你。”然后这货就去法国留学了……目前应该还活着……呵呵哒！他是不是韩剧看多了……

6. 你的腿不够好看，当时冬天穿太多了没看出来。

7. 男的说，我最近开车撞人了，对方家里很牛，我这次栽了。我不想连累你。关键是，女方信了，被那男的玩儿半年。

8. 他去洗手间，我把他的泡面吃光了。

9. 我有洁癖，他喝了我的水。

10. “我奶奶昨天晚上托梦给我，说我俩八字不合，你知道的，我从小是奶奶带大的，我不想让她难过。”“你奶奶不是死了吗？”“所以，她才托梦给我，对不起。”

11. 你太优秀了，我感觉配不上你——然后找了一个家境、学历都比我好的女孩子。

12. 做工好累啊，然后他找了个女朋友。

13. 我爸工作降职，我要专心工作。

14. 有个朋友忘了存女方的电话号码，接电话的时候，他说：你是谁?

15. 前几天某社交网站很流行种树，女票跟我分手，是因为我常常忘了要给我们的小树浇水。

16. 一个月前，前男友和我分手，而在两个月前，我刚去过他家见家长，结果男方家长封建迷信，说我们不合，男朋友嘴上说信则有，不信则无，实则内心介意，开始疏远我，最终被冷漠打败，如果爱我怎会介意所谓陌生大师的扯淡。

17. 我们属相不合。

18. 我们性格不合。

19. 我们血型不合。

看完所有回答，也是替你们委屈到不行。

在一起的时候，哪哪儿都好，打算分开了，哪哪儿都不顺眼了，离开还要找一个冠冕堂皇的借口。

有个叫欧文的读者说得好，所有的分手理由不过是“我不爱你了”的变种罢了。

就像《欢乐颂Ⅱ》里的樊胜美和王柏川。

很多人说，他们的爱情被物质打败了，但在我看来，是大错特错，即使王柏川在上海有车有房，能够满足得了樊大姐的物质欲望，分手仍然是早晚的事。

一个是拜金小资女，另一个是劳碌凤凰男，光把这两个标签搭配到一起，你就能看出这绝对是史上最容易分手的情侣组合了，悲情指数超过《廊桥遗梦》。

我记得我以前说过，如果你要结婚，一定要找一个三观跟你一样的，不说三观都很正，哪怕都是很 low（低），也是合拍的，或者就找一个没有什么意见的，能跟着你的价值观走的，不然结婚之后就等着鸡飞狗跳吧。

所以我们说两个人很般配，有时候并不是说郎才女貌，也不是指两人的家庭背景门当户对，而是性格上的步调一致。

我始终觉得分手最能见一个人的人品。

一个人在追求你、爱你的时候，必然对你百依百顺，想把所有的、好的都给你，还嫌不够，就跟面试一样，你看到的全都是优点。

但是分开的时候，有人会死皮赖脸，有人会恶语相向，有人会骑驴找马，有人会推卸责任，还有人会把自己扮演成受害者一方，这未免就太难看了。

分手也不是罪不可赦的事情，一段感情没有走到最后，也不一定是失败的。真的累了，不爱了，或者遇到真爱了，大方承认，体面分手也未尝不可，没必要仗着对方喜欢自己，做一些伤害他人之事。

没有人会变成赢家。

之前看《傅雷家书》，有一段文字描述对终身伴侣的要求，让人印象深刻。

他在给儿子的信中说，事情总有正、反两面：追得你太迫切了，你觉得负担重；追得不紧了，又觉得不够热烈。温柔的人有时会显得懦弱，刚强了又近乎专制。幻想多了未免不切实际，能干的管家太太又觉得俗气。

只有长处没有短处的人在哪儿呢？

世界上究竟有没有十全十美的人或事物呢？反躬自问，自己又完美到什么程度呢？这一类的问题想必你考虑过不止一次。

我觉得主要的还是本质的善良、天性的温厚、开阔的胸襟。有了这三样，其他都可以逐渐培养，而且有了这三样，将来即使遇到大大小小的风波也不至于变成悲剧。

每个人都不是完美的，总有这样或那样的问题，相爱简单，相处太难，在需要坚持的地方坚持，在可以妥协的地方妥协，包容和爱才是战胜一切的武器。

没有人必须被爱得天经地义，被爱得理所当然，也没有谁和谁注定是佳偶天成。毕竟人不是砖头嘛，四四方方的，合合正正，往那儿一放就可以填补上你的缺口，满足你全部需求。

所以假使你遇到了性格合拍、聊得来、有默契的伴侣，请好好珍惜，毕竟在茫茫人海、大千世界遇到一个步调一致的人是多么不容易的事啊。

别和不爱自己的男人结婚

想和你结婚的人不一定是爱你的人。

社长，我想听听你的想法。

感觉我的婚姻已走到尽头了，即使为了三岁半的女儿不离婚，但总也好不起来，已经精疲力竭了。

我们是相亲认识的，后来一直是异地相处，我去过他的城市10次以内，他因为工作单休原因，仅来看过我一次，大部分是短信联系，电话也少，1年后在他父母催促下结婚，他大我6岁。

结婚3年后有了我女儿，至此跟我婆婆接触开始多了些，我们之间起了冲突。我说话方式太直接，她说话就太过阴阳怪气，我只凭着自己好心好意提醒，她却加以讽刺，所以觉得很受委屈，就跟我老公倾诉。不想得来的却是置之不理，甚至一句宽心的话也没有，这让我很心寒。

3年左右了，我们性生活很少，别人按天按周，我们按月。或许你会想肯定有外遇了，但实际没有。因为他的原因，我们很多时候都是一分钟左右就结束了，但我从没介意过。

女儿两岁断奶，家里要还房贷，我开始出来工作，请我婆婆过来照应我女儿。就是在这期间，我实在无法忍受她对我各种阴阳怪气，讽刺我学历没有她儿子高，见不得我有一点生活优越的地方。

后来忍无可忍，我离职，婆婆也回了公公那边。在这期间的各种矛盾，我老公没有帮我说过话，有的只是和我不停地争吵。

我跟老公的关系已经冷漠至极了，出现问题的时候，他一贯的态度是沉默，我主动找他谈心，他都是一副无所谓的态度，要么看着电视，要么看着手机，没有回应，偶尔“嗯”一声。

他不开心了就要和我分房间睡，而且决心很坚定，我到现在都想不明白，他的决心为什么就那么坚定。我们经历了分房间、分被子，再到分头睡，每一次都是我说了很多话开导他。但最后睡到一个被窝的时候，心仍然不在一起，他的习惯性睡姿就是背对我。我有时会反过来搂着他，但我的心好累。

我不要求他对我有多好，可是至少要有最起码的尊重。他是我第一个男朋友，我很喜欢他，我没法做到无所谓，哪怕面对他的一点点冷漠，我心里都要崩溃。

以前我们也谈过离婚，房子买的时间不长，还有很多房贷要还，加上他炒股亏了30万元，他坚决要房子要女儿，给我些钱。我律师也问了，房子给他，女儿的抚养权我就争取不到，我要房子我又没钱给他，我兄妹四个，父母是没有能力帮我带的。我人单力薄，起诉也争取不到我女儿。

后来达成协议，女儿抚养权归他，他答应我和他共同抚养女儿。我还住附近，女儿马上上幼儿园了，我们一人一周或一人半月抚养。直到高中毕业，以后由女儿自行选择。最后我因为舍不得这个家而没有离成，他却不以为然，说他已经想好要离了。

我女儿看到我们吵架就会很害怕，现在也有点胆小。我想到父母离婚给孩子带来的伤害，我就觉得很对不起我女儿，长大后她会不会因为我们的原因变得很自卑，会不会成为孩子心里的一根刺。

我多么希望我女儿能健康成长，但我现在却把事情搞成这样子。觉得自己是在作恶，又恨自己。

我该怎么做呢，社长？

Rainbow

Rainbow：

你好。

首先非常感谢你的来信和你对我的信任。

从你的来信看，我不觉得那个男人是爱你的，如果我是你现实中的朋友，一定会阻止你去和他结婚。曾经有人千百次地问，左边是爱你的人，右边是你爱的人，如果要选一个人结婚，你怎么选？我选择弃权，如果非要选择，我选那个爱我的人。

爱情是什么？是你往池子里丢一块小石子，能激起涟漪，不是丢在水泥地里砸出一个坑。爱情不是乞讨，不应该卑微。一个爱得葬身火海，另一个爱得置身事外，不会有好下场。

在我的思维逻辑里，我实在想不通为什么这个男人在不爱你的情况下还要和你结婚，后来我发现，在结婚这件事情上，女人和男人的行为差异大到令人尖叫。都说女人如果要和一个男人发生性关系，是需要爱情的，但是男人不需要，只需要情绪到位，这个理论换成结婚也是一样的。

之前豆瓣有个热帖，是囧之女神 Daisy 写的，她说，最想结婚的那个人不一定是最爱你的那个人，还可能是能在婚姻中获利最大的人。

很多人希望通过婚姻来改变自己的人生，很多男人结婚之后立马就开启了自己甩手掌柜的生活，不用承担任何家务事，不用照顾孩子，还能享有一个干净整洁的家，他们想从婚姻家庭中获得最大收益，却把维持婚姻和家庭的大量时间、人力成本丢给了自己的老婆。男人可以这么做，但是妈妈不行。

我不是想做马后炮，婚都结了，孩子也生了，再劝你别结婚或者离婚，都显得不够真诚，我想说的是，这可能是很多家庭面临的常态。

我的建议有这么几点：

1. 别被孩子绑架

每一个知道父母并不相爱的孩子都自卑，但是千万不要被孩子束缚住。孩子没有你想象的那么脆弱，我们不都是从孩子走过来的嘛。

每个人都只能对自己的人生负责，你是需要呵护孩子、爱护孩子，但希望你的爱不要太过沉重，给孩子造成压力，让她无力负担，不要让她以为你是因为她才忍辱负重。

学会爱孩子之前，请先学会爱自己。坐飞机的安全提示都是，当有意外发生，你要先自己戴好氧气面罩，再去给孩子戴呢。

2. 不要把自己变成怨妇

不要自怨自艾，请尽快从这种情绪中走出来，好好工作，努力赚钱，把自己打扮得漂漂亮亮的，气死他们。

之前看过一个调研，说女性晚结婚收入高，男性早结婚事业顺。为什么现在很多高收入、高学历、高智商的美女都结婚晚，因为她们不需要靠男人也可以活得很好，没有被家庭琐事牵扯太多时间和精力，所以能在事业上获得更多。

这年代，真的，靠钱比靠男人靠谱多了。并不是鼓吹物质欲望，但是有了钱，就会生活得更有底气一些，不是吗？就像我在之前的文章里说的，如果金钱不能给你幸福，至少它能让你在舒适中痛苦。

一定要让自己变得更强，更有钱，更出色。

3. 不要对爱情失去信心

结过婚怎么样？离过婚怎么样？年过 30 岁又怎么样？很多压力和条条框框都是你给自己设定的，别人怎么看你都不重要，重要的是你怎么看自己。

我不会说，你一定会遇见爱你的人的，你要等。我自己都不太相信这些胡话，所以我不想说给你听，活了 32 年，见了很多次鬼，也没见过真爱，但是我希望你能爱自己，并对未来多一点期待。

人和人的差别很大，成功或失败，有人飞黄腾达，有人落魄一世；

人和人的差别很小，生老病死、怨憎悔、爱别离、五阴炽盛、求不得，都逃不过。

所以，加油吧，拜托了！

谁说 30 岁是道坎？

不要让其他眼光定义自己的人生。

1.

在我还远未到 30 岁的时候，总觉得 30 岁是个遥远的彼岸，是个非常成熟稳重的年纪，娶妻生子，成家立业，按部就班，一切都尘埃落定。

而当自己真正到了 30 岁那天，才发现自己对于这个岁数，或者说这个岁数的人有着一种想当然的误解。这个岁数的人，甚至从这个岁数再往上，人生也不会有什么尘埃落定，每个年纪都有每个年纪的问题，也会有难过忧愁和不知所措的时刻。

如果要用一个词来形容 30 岁往上的生活，我觉得可以用高晓松说的“不慌张”。

他在《鲁豫有约》里谈到青春，说过这样一段话：

“年轻的时候每件事你都想明白，每个人你都想仔细把他看透。每件事情你都想明白它到底是怎么回事儿，甚至这个社会、这个时代，你都特别想去明白。但是你其实明白不了，你连你自己最爱的人坐对面你可能都不能全明白。可是年轻的时候就太想明白，因为老觉得有一些事情不明白就是生活的慌张，后来等老了才发现，那慌张就是青春，你不慌张了青春就没了。”

2.

高晓松说青春就是慌张，大师兄朱炫说青春是荒唐。

在我看来，青春最大的意义在于随时可以推倒重来。那时你还年轻，你做任何事情都可以不去考虑后果，且不必为错误付出很大的代价。而随着岁数渐长，我们做任何决定都需要掂量一下利弊与得失。

如果说我在 30 岁真的从生活中学到了什么了不得的原则，这个原则就是——我不会用任何人的眼光来定义自己的人生，也不会让年龄成为我人生价值的丈量尺。

人生苦短，一分钟也不要浪费在让自己不快的人和事情上。

几个月前在欧洲旅行，在维也纳遇到一个中国女孩，就职于国内某家航空公司，来奥地利度假，刚刚在这边度过了自己的 30 岁生日。

那天我在一家叫 DEMEL 的甜品店里喝咖啡，碰到她在邻桌用微信讲汉语，在异乡遇到中国人还是挺亲切的，于是交谈起来。

她说她每天的生活状态其实都是紧绷绷的，七点起床，八点坐公司的班车去公司打卡。大部分日子都是在航线、开会、写报告中度过。

家人都觉得她其实没必要这么辛苦，对女孩子来说，什么最重要？已经 30 岁了，当务之急就是找一个好的对象，找一个好的归宿，30 岁之后就是走下坡路了。但是她不。

每当在机舱里等候起飞的时候，她都会想这些乘客是什么人，他们都在过着怎样的生活，是不是也会抵挡不了压力，随便找个人结婚，最终被生活的滚滚洪流卷走。

她只知道，如果随波逐流，自己未必能看到现在眼前的一切。

3.

我在这边玩的时候，还认识一个德国导游，年纪看上去也有 30 多岁了，未婚且单身。一年工作 6 个月的时间，还有 6 个月就到处旅行。她觉得这样的生活方式没有任何不对，因为自己完全可以 afford（掌控）。

有人可能会不理解，他们会说，人家毕竟是老外嘛，接受的教育不一样，他们不用面临各种社会舆论压力，不用面临爸妈的催婚，环境不一样的，我们不是他们，所以不可同日而语。

但我想说的是，任何的压力和限制，其实都是从你自己的内心开始的。

是你给自己设定了非常多的条条框框，给 30 岁的女人画了一幅自画像，觉得自己应该那样，应该这样，但是内心又有点抵触，有点不甘心，现实境遇与预期不符，所以才会感到焦虑。

4.

前几天在网上看姜思达的直播，他在其中讲了一个故事让我很有感触，他说他有一个朋友，在过 30 岁生日的那天，大哭了一场，从早上哭到晚上，这是一种本能的情绪反应，因为她始终觉得自己没有准备好。

但是当你问她，你要准备什么呢？她也说不上来。因为这个社会在不断告诉你，你 30 岁了，30 岁了，30 岁了，心中有个数，一直在嘀嗒嘀嗒嘀嗒……

肖骁说他在大学刚毕业的时候，家人、朋友就觉得他应该找对象了，应该要怎样怎样，后来参加了《奇葩说》，一夜爆红之后，父母的观念反而转变了，觉得他现在正处于事业的上升期，不用着急结婚。

我看有个弹幕说，果然保持独立才是最好的解药秘方。当你还没有厉害到一定程度的时候，谁都可以对你的生活指手画脚，谁都可以抱着“我是为了你好”的幌子让你过上跟他们一样的日子。

5.

我在 30 岁生日的时候，在日记本上写过一句话——30 岁，无论贫穷还是富裕，无论现在经历怎样的生活，都是你人生中最棒的时期。

如晶说，年龄不是写在脸上的，而是给人的一种状态。所以在我看来，最重要的不是你现在多少岁，而是你内心真实的渴求，以及表现出来的外在。

对一个 30 岁的女生来说，最重要的是什么？当然是保持独立！经济独立以及思想上的独立。

当你在追求这种独立的过程中，就会满满地塑造自己，能力得到提升，眼界和格局也会不一样，人生充满各种可能性，拥有主动的选择权，有钱又有魅力的女生，不要太招人喜欢哦。

有时候我们努力，并不是为了去换取成功，也不是为了超越别人，而是去体验一种想去体验更大世界的欲望，可以对我们不喜欢的人和事说抱歉。

也许我们未必都能成为自己想要成为的那种人，那我们能做的就是，尽量别让自己成为自己最讨厌的那一类人，别让他人为你设定人生期限，也别让 30 岁这种时间刻度捆绑自己的人生。

喜欢你：如何让霸道总裁爱上我

胜在特别。

从前，有个傻乎乎的女生叫周冬雨，在酒店当大厨，喜欢酒店总经理，却被经理甩了。

她具有一系列小女生的特征：清纯、幼稚、傻得可以、不讲道理，同时又邋遢、迷糊、神经大条，喜欢替闺密打抱不平。

有一天闺密被渣男劈腿了，约她一起去划渣男的豪车，正划得起劲，车主金城武刚好来车库取车，看到自己的车上刻着三个金光闪闪的大字：狗男女。立即崩溃。

此时，闺密打进热线，问周冬雨你在哪儿呢，怎么没在渣男的车前看到你。

周冬雨一看自己所在的车库楼层，一拍大腿，划错了！

这就是两人第一次相遇的场景。

金城武是一家酒店集团公司的霸道总裁，和所有的总裁一样，高冷、孤独、挑剔、刻薄。

有一个私人厨师，林志玲，跟了他7年，知道他所有的口味、喜好、每日行程，长得好看，举止优雅，精致，简直完美得不像话。

就是这样一个身价超过350亿美元的总裁，没有选择林志玲，却爱上了一个情窦初开、不谙世事的莽撞的周冬雨。

有很多人说，这样的情节太玛丽苏了，太俗套了，傻白甜想要拿下总裁也未必太容易吧！也有人说，要想抓住男人的心，首先要抓住他的胃。对此我只想说，呵呵。

难道我志玲姐姐就不会做饭吗？真正让金城武爱上周冬雨的，可不是因为一碗女巫汤！

为什么阿武总裁会迷恋周冬雨？

因为周冬雨太特别了，特别到本来不该出现在他的世界里。

一个长在精英家庭的男人，从小就过着优渥的生活，有洁癖，从来都是一个人吃饭，你能想象有一天，他居然和另外一个女生在邋遢的屋子里涮火锅，吃到中毒，感觉整个世界都在下雨，醒来发现自己坐在公交车上，刺激不刺激？新鲜不新鲜？过瘾不过瘾？

说好的要做一个冷酷刻薄的成年人呢？说好的要过精致利己的生活呢？说好的霸道总裁范儿呢？

喜欢一个人，就是这样没有任何道理。

真正的喜欢，就是可以放下身段，放下自己的架子，就像毛姆在《月亮与六便士》里说的那样：在爱情的事上如果你考虑起自尊心来，那只能有一个原因——实际上你还是最爱自己。

金城武的求爱过程，其实是在解救自己。

穿过菜市场找到周冬雨那一幕，周冬雨问金城武：我性不性感？我好不好看？你爱不爱我？几乎所有女生都会问的问题。

金城武的回答是：我不知道！（抓狂式的）

这恰恰是电影的奇妙之处。

我们从来都无法得知，我们为什么会爱上一个人，也不敢确定自己是不是会和这个人永远在一起。只是恰好在某一个时刻，在千万人之中遇见了你，感觉心里的某一个缺口，突然就被填满了。

于是我告诉自己，从现在开始，我不需要再关心身后的种种是非，我不在乎别人的纷纷议论，我已无暇顾及过去，只想牵着你的手，和你一起往前走。

有人与我立黄昏，有人问我粥可温。

说回电影，它并没有特别高深的大道理，也没有百转千回的剧情，但是它的确是我个人上半年最喜欢的国产爱情电影。

我喜欢这部电影里呈现出来的鲜艳的色彩，精致的美食，看上去非常赏心悦目，让人食欲大开，心情舒畅。

我喜欢金城武和周冬雨在吃了河豚肉中毒之后，整个世界下雨的场景。热恋中的两个人，一个是傻子，一个是不顾他人眼光配合傻子表演的疯子。

所有人都在等雨停，只有你想着最好雨永远别停，就可以为你撑着伞，一直走下去。

我喜欢周冬雨骑着自行车，在大街上转悠，耳边传来陈绮贞的歌声。这首《我喜欢上你时的内心活动》真的太容易让人飙泪了。

起初不知道这首歌是《喜欢你》的主题曲，我，一个陈绮贞的迷弟，当前奏出现的时候，简直哭成狗。

喜欢一个人大概就是这样吧，想起来的时候，突然就笑了，突然就哭了，你存在的意义，就是让我在每个夜里，每个起风的时刻，每个音乐响起的瞬间，有了一个矫情和懦弱的理由。

生而为人，别轻易服气

去摘，

遥不可及的星。

4

Don't sit around

waiting to die

30 岁辞职是作死吗?

30 岁荒唐不负我。

这几天全程围观了一次朋友和对象闹分手，可以说真的是非常温馨感人。

这位女性朋友是我之前的同事，在杭州某家知名的电商公司做设计，人美心善，技艺超群，每年公司搞大促活动，领导都点名让她来负责整个活动的页面视觉。

她跟我的年纪一般大，一毕业就来到这家公司，从什么也不懂的实习生一直干到设计专家的职位。说句心里话，不是歧视女性啊，我觉得对一个女生来说，有这样一份工作，又升到了这样一个 level（水平）应该是一件让人很满足的事情了。

但是她不。无论家人和男朋友怎么说，反正就是待不下去了，仿佛冥冥中受到了某种召唤，命定要去做烘焙大师。

前几天，她急急忙忙打电话给我，说男朋友因为这事儿在跟她打冷战，他觉得年过 30 了，辞去一份稳定的、体面的工作，再去追求理想啊、梦想啊实在是一件很荒唐的事情。

1.

她男票我也认识，在另外一家创业公司。

他比我还大两岁，其实早已经到了谈婚论嫁的年纪，之前忙着拼事业，所以家人也没怎么催，今年他们俩想开了，反正谈恋爱同居都已经这么长时间了，索性就在这一年把事情操办了。

然后就闹了这么一出。

我当然理解她男朋友的想法，生活在这样的城市，每个月有房贷、车贷，虽然现在两人工资都还挺高的，但是生活成本真的很大，虽有一定富余，但是离财务自由还差十万八千里。

虽然现在双方父母还健康，但是也慢慢老了，以后结婚还要养娃，做哪一样事情不需要花钱？

辞去一份工作就意味着家庭收入砍掉了一条大腿，他能不着急吗？更何况你跟他说，你要辞去这份月薪几万元的工作去学烘焙？

故事的荒诞性就在于她辞去的不是一份很 low 的工作，不是一份很普通的工作，而是一份很多人梦寐以求的工作，她辛辛苦苦从 24 岁拼到 31 岁的工作。

2.

30 岁辞职当然是有风险的。

只要是受过九年义务教育的朋友，我相信都能举出一大堆。生活很难的，理想有时候只是痴心妄想。

我不鼓励大家盲目离职，但是我想说，工作的方式是多样性的，它不是必须供职一家公司，或者自己成立公司，脖子上挂一块工牌的，才叫工作。一个人如果有能力，选择和退路自然有千万条。

我辞职时，写过一篇《我在阿里的最后一天》，我说谁都知道外面的世界风高浪急，绝大多数人都渴望过安稳的生活，但是有另一种人会像堂・吉诃德一样，挺起长矛，跨上战马，去挑战风车。

我怕失败吗？不，我更怕的是我能一眼就看穿之后五年、十年的生活，怕错过，更怕后悔。

3.

我觉得一个人，能找到自己的兴趣是一件可贵的事情，这几年我一直在提醒自己的一件事情是：**始终做个有意思的人，做有意思的事情，不必总是做个正确的人，做别人觉得对的事。**

之前央视有个节目叫《朗读者》，有个女孩让我印象深刻。

她叫程何，曾经被保送至清华，后来放弃直博机会和出国名额，转头去做音乐剧的译配。喂喂喂，来，你告诉我什么叫译配。

是的，就是这样一个女孩，放弃了在外人看来非常光明的前途，挑选了一个连解释起来都颇费劲的职业，主要是把西方经典的音乐剧翻译成中文。你会说，程何啊程何，你是不是有点太不知好歹了？好像所有人都等着看笑话一般。

她用了三年时间，一点点雕琢，终于在 2015 年年底，完成了音乐剧《我，堂・吉诃德》的中文版本，2016 年演出超过 120 场，豆瓣评分 8.2 分。

有时候，我觉得我们都是同一类人，感觉自己就像是堂・吉诃德那样的“疯子骑士”，在外人看来像个傻子似的去挑战风车，胸腔里全是热血，冲锋啊、无畏啊，有人说：这人脑子有病吧？

是的，我的病叫年轻不折腾会立马暴毙之症。

4.

我真的超喜欢《我，堂・吉诃德》这部音乐剧，因为它有一种难得的精气神。

故事的开篇是这样的：在 16 世纪的西班牙，收税员塞万提斯因查封了一座偷税教堂，而被宗教法庭投入了监狱。他的出现迅速激起了囚犯们的兴趣。他们瓜分了他的随身财物，还自作主张地想先把他审上一审。

“塞万提斯，我指控你是理想主义者、三流诗人，还是个老实人。你怎么说？”

出乎意料的是，塞万提斯这样回答：

"我认罪。"

故事的走向从这三个字开始，就变得有趣而魔幻起来。

这段旅程巧妙地展现了小说《堂・吉诃德》中流传最广的几个故事：把风车当作邪恶的巨人马塔果果与其战斗；把理发师的刮脸盆当作能保佑人战无不胜的曼布利诺金头盔；在一场英勇而胡闹的战斗之后被过家家般地封为"哭丧脸的骑士"。

最让人感动的是这一幕，阿尔东莎问堂・吉诃德："为什么要做那些事，那些蠢事？"

堂・吉诃德理所当然地、以一种可以称得上是平静的口吻回答道：

> 追梦，不会成真的梦，
> 忍受，不能承受的痛，
> 挑战，不可战胜的敌手，
> 跋涉，无人敢行的路。
>
> 而人间，定会不同往昔，
> 纵然我，终将疲倦无力，
> 仍要用伤痕累累的双手，
> 去摘，遥不可及的星！

完全泪崩了，好吗！

像刘瑜说的，梦想是多么妖冶，多么锋利，人们在惊慌中四处逃窜，逃向功名，或者利禄，但是像堂·吉诃德这样的理想主义总能触到人们内心最温暖的那一块。

5.

回过头来说，我不觉得30岁辞职有什么不靠谱的。

这个世界已经挤满了按部就班的人，每个人的人生，好像货架上堆满的一模一样的罐头。

无论你选择做一个烘焙专家、情感顾问，还是贴膜大师、算命达人，若你的成就感来自你的能力和投入，只要堂堂正正，就应该理直气壮。

想起之前看《爆裂鼓手》，魔鬼教练弗莱彻（J．K．西蒙斯饰）说，在英语里，没有一个单词，比“还不错”更害人了，不要为自己的努力而道歉。

也许这个世界并不善待那些努力的人，很多人努力到最后，也未必会成功，但是你知道自己在努力，就是在这个庸庸碌碌的世界生活下去的动力。

很多事情，你没开始，不会知道结局的。

曾几何时，我们都面对过这样的指控：“我指控你是理想主义者、三流诗人，还是个老实人。”多希望无论到了什么年岁，我们都能一如既往、平静而骄傲地回答：“我认罪。”

去摘，遥不可及的星。

就这样少年下去

用少年气评价一个男人

其实是一种至高无上的荣誉了。

之前我不是出了一本书嘛，毫不夸张地说，现在我已经是我们村里的名人了，一不小心，我的个人形象，在我们村里的叔叔阿姨眼里，差不多可以和小崔（崔永元）平起平坐了，火的程度，那真是锣鼓喧天，鞭炮齐鸣，红旗招展，人山人海。

我300年没见的中学同学，前几天还在朋友圈一口气发了36张我和他的合影，按照我以前的脾气肯定当场就翻脸了，试问哪个boy或者girl看到自己多年前的照片，不是恨不得立马穿越回去，亲手掐死自己？

后来，看到没有人骂我，我也就松了一口气。

有朋友说，你当时真的好瘦啊！妥妥一个青涩少年，岁月长，衣衫薄。我自嘲道，现在岁月终于在我身上下毒手了。他说，没有啊，你现在还是少年啊。哎，真的受不了这些虚伪客套的成年人！

这几天我左思右想，才发现，用少年气评价一个男人其实是一种至高无上的荣誉了。

因为在我的印象中，看到这三个字，首先浮现在脑海中的脸庞是张国荣、阿信、朴宝剑、朴树……

在他们身上，你能看到的是一张张没有被生活欺负过的脸，青涩、阳光、无畏，透出一股少年气息，这种气息无关年龄，也无关成就，哪怕容颜渐老，也仿佛被岁月遗忘了一般，一直卡在 16 岁。

1.

有一句话，你肯定听过：愿你出走半生，归来仍是少年！这句话的出处并不详，但是大有被各路文艺青年玩坏的节奏。

你有可能会问，如果不算年龄，那么，怎样的男子才能被冠以少年之美誉?

我觉得这事儿跟成长有关系，**有些人活了一辈子，仍然是个没成熟的孩子，而有些人到老仍是少年。**

这个时代，聪明人很多。网络的普及，让更多年轻人有了充分展现自己的平台，以为自己的知名度提高了，时而沾沾自喜，时而又惴惴不安。

于是，开心和丧气轮番上阵，内心焦灼，很容易就变得纠结而不可爱。

2.

在我认识的所有朋友里，我的前同事明爷大概是我认为最有少年气的一个。

明爷比我大 4 岁，1982 年出生，喜欢越野、骑单车、滑板、健身，我们曾嘲笑他，若是把贪玩儿的时间、精力全都放在妹纸身上，估计现在孩子也应该会打酱油了。

我刚认识明爷的时候，明爷已经 30 岁了，整天开一辆夏利穿越大半个北京来上班，据说他那辆二手夏利是花了 16000 元在二手车交易市场上买的。

我曾在心里暗自许下诺言，妈呀，我到 30 岁可不要开二手夏利，这不是我要的生活，但是后来我搭了一次明爷的车，就彻底改变了我对他的看法。

那天加班到很晚了，明爷主动提出要开车送我回香山，那也是我有生之年第一次遇见有人开夏利是戴赛车手套的。钥匙插入的那一刻，发动机开始轰鸣，明爷藤原拓海附身，夏利变成了 AE86，从五道口到香山，我手上的烟都没抽完，就已经到了。

3.

后来我才发现，一个人要永远保持这种“贪玩”“无畏”“热血”的少年之气有多么不容易。

很多人都觉得到了一定年纪就该做这个年纪的事情，要成熟，要稳重，要优雅，要这样，要那样。

两年前我回了一次北京，找明爷吃饭，作为一个已经 34 岁高龄的中年人，明爷告诉我，他最近在学滑滑板。

在我的印象中，滑滑板的不都是十几二十岁的年轻人吗？明爷都这个年纪了，老胳膊老腿儿的，再摔一下可不得了，于是朋友们纷纷劝他把心思放在成家立业上来。

但是他总是能出其不意。

他砸重金买了非常昂贵的滑板、滑板鞋，还戴着花里胡哨的头巾、护腕，煞有介事地练习，乐在其中。听说最近都快达到专业水平了。

4.

你有可能会说，社长，我第一次听到把贪玩说得这么清新脱俗的。

不是，真的不是。如果一个人，只是贪玩，那只是表面。如果你的贪玩，可以带来生产力，并做到极致，那就脱离了玩乐的概念。

大师兄朱炫写过一本书叫《年少荒唐》，里面有几句话我印象非常深刻，每次想起来就像有一股暖流在身上游走：年少喜欢美丽的事物，喝了两口酒，就要一腔热血地喷洒；他们说你这是年少轻狂，不通世故，就要被这社会的棱角狠狠地打磨几年，才知道这青山绿水，你算个啥。

5.

我们都很容易被时间改变，被环境改变，能保持一颗玩乐之心，永远少年下去，不是一件容易的事。

最重要的是，**别轻易服气。**就这样少年下去，别让热血凉下去，凉下去你就可能再也找不回那个一往无前的年轻人，那个一个承诺就是永远的年纪。

你会变成你讨厌的那种人，浑浑噩噩，世俗，圆滑，势利，应对庸常生活应接不暇，疲于奔命。

值得庆幸的是，我如今年过 30 岁，我仍然可以像 20 多岁的时候那样，对这个世界保持好奇，我一点也不羡慕别人的生活，我只希望我到老了仍然拥有如此旺盛的生命力，拥有饱满的少年之气。

祝所有小男孩、老男孩，无论岁月轮转，都保持住自己的少年精神，就这样少年下去。

再不恋爱就晚了

为什么不能好好谈几场恋爱呢?

曾经写过一篇《再不减肥就晚了》，是送给胖子的。今天这篇《再不恋爱就晚了》是姊妹篇，送给这里的大龄单身男青年。

敲定选题的我，真是暗自窃喜——我怎么这么机智啊，竟然想到了这么棒的标题，你们看了应该也会由衷地给我鼓掌吧！

现在很担心单身联盟会找上门来，要给我颁发什么奖杯，感谢我为人类做出了贡献！真的，我不需要荣誉的，我做的一切都是为了社会和谐。

前几天我在公众号发起了提问：跟我讲讲你最爱的那个人吧。点完发送我就后悔了，因为我收到了近几个月最多的一次消息，有上千条，而且每一条都是一大坨，有一种高中老师在批改卷子的即视感。

我本来以为会收到很多悲伤的爱情故事，心里会好受一点，但是——没有！你们这种行为叫啥知道吗？叫狗不吃粮强摁头啊！于是我就不想发了，想当作什么事情都没有发生过，然后我就看到了几个男生的回复，非常具有代表性，当即一拍大腿！

所以今天这篇文章是写给你的，也是写给姑娘的——再不恋爱就晚了。

1.

收到很多男生的留言，说自己喜欢一个姑娘，想追求又不得其法，很纠结，问我有没有什么技巧。

还有一些男生，在女方已经释放出明确信号之后，仍旧畏首畏尾，举了一大堆对方不是很在意自己的例子，什么微信回复慢了，不主动关心自己了，于是又顺着网线过来问我，她是不是不喜欢我呀？难道只是把我当备胎吗？我到底要不要坚持下去？

每次看到这样的留言，我都能瞬间奓毛！你一个大男人，还玩什么矜持啊？

喜欢就去追啊，想搞明白就去问啊，为什么谈个恋爱这么费劲？遇到能让自己心动的人，是多么不容易的事情啊，你在这儿跟我演情景剧呢？

不过这样的话题，每次炸伤的还是我自己，因为说到最后，对方总会祭出大杀招——忘了你还是单身啦，打扰了社长。哎哟！

2.

《婚姻法》上说，男生 25 岁、女生 23 岁是晚婚的年龄。刚刚查资料的我，眼泪掉下来。

很多年前，你也觉得 25 岁结婚是最合适的年龄。然而现在大学本科一毕业就是 22 岁、23 岁了，在工作岗位上消磨几年的时间，一晃眼就过了最佳年龄。

我倒是不鼓动大家尽早结婚，因为作为一个自由主义者，我一向信奉的人生信条是婚姻都是多余的，去爱就好。倘若在人群之中，能遇到一个独特的人，幽默、从容、活力充沛，那么一定要把握对方，好好相爱。

因为人生苦短啊，且不可重来，所以**在爱情上，贪婪一点没有什么不可以，只要不做有违道德和伤害别人的事情就可以了。**

3.

为什么说再不恋爱就晚了？

因为人真的太容易老了。这种老，并不单指时光飞逝，而是心老。尤其是当你步入社会之后，你会发现衰老的速度超出自己的想象。

即使你在内心仍然觉得自己是个小男孩或者小女孩，但是叫你叔叔阿姨的小朋友不会骗你，你身上的痛风、脂肪肝、肾结石不会骗你，你的疼痛是真实的，你的焦虑也是真实的。

有一次和一个 1997 年的小姑娘一起吃饭，她说怎么办啊，社长，我今年已经 20 岁了！我说，你才 20 岁，你干吗整天叹气啊？她给了我一个大白眼。

我说你现在就好好享受青春，多谈谈恋爱就好了，别整天想一些有的没的。

她说我现在只想发财，无心恋爱。

4.

是的，可能你也会想说，对象都是靠不住的，唯有金钱不会欺骗自己。但我还是想说，既然一时半会儿也发不了财，为什么不能好好谈几场恋爱呢？

前段时间，朋友圈不是很流行一张图吗？说什么每个人都活在自己的时区：纽约比加州早三个时区，但是加州并不比纽约慢；奥巴马55岁退休，川普70岁才开始自己的总统生涯；有些人单身，有些人已婚……每个人都应该有自己的时间。

我觉得从工作的角度来说，的确是这样，但是爱情不是的。

试想一下，**你在20岁的时候，喜欢一个人，和你在40岁喜欢一个人的感觉，是不一样的。20岁的时候，你要的是山川湖海，你要的是昼夜在厨房欢爱，而不是谨小慎微，稳稳的幸福。**

5.

不知道你们有没有看过一部日剧，叫《昼颜》。

讲的是一个出轨的故事：女主人公和她的丈夫相敬如宾，她的丈夫每天出门都会拥抱她，礼数周到。很多人都以为他们生活得很幸福，但是她心中的愁绪无人能知，因为他们从来不做爱。

丈夫阳痿了！

她本来以为自己的生活不会有什么变化，直到她遇见了另外一个男人。没有性爱的婚姻可以维持，但是那样太辛苦了。

在剧中，女主说，婚姻就是牺牲激情换取安稳。

然而，最后，她还是选择了离婚。豆瓣网友说，这就是对婚姻虚伪性的强有力的挑战，面对这种虚伪，男主都成了懦夫，女人更勇敢。说白了，男人需要的是稳定的婚姻，而女人需要的永远是爱情。

所以看到这儿，一切都不言而喻了。可能对你而言，结婚还尚早，但是再不恋爱可能就真的晚了！

如何体面地老去

衰老是一个连续不断失去的过程。

前几天中午，我还在睡觉，突然接到我妈的电话，我心头一紧。因为我妈平时很少给我打电话，有事大多在微信上说，更何况是在工作日的大中午。

果不其然，电话那头说，我奶奶住院了。

我妈打电话问我有没有医院的朋友，我奶奶想要换一间病房。

我本来以为是现在住的病房不好，想要换一个好的病房，后来才听出来，我奶奶当时住的是高级病房，她不知道听谁说起这个病房要 280 元一个晚上，而普通病房只要 20 元，于是执意要换。

第二天，我妈又给我发微信，她说奶奶坚持要出院。

老太太坚持认为自己没问题了，她对护士说："你去跟医生说一下吧，我已经康复了，我要出院！"护士说："你这种情况出院，要是有问题再来就麻烦了。”

奶奶的心情我是理解的。一方面，她怕自己住院要花很多钱；另一方面，住院需要有人一直照顾，而她的孩子们都在忙着工作。

我在第二天下午赶到医院的时候，她看到我，似乎吃了一惊，说你工作这么忙，还要来看我，我没事的，你们去忙你们的好了。好像是自己做错了什么事情。

所以你就能够想到，国内的这些老年人，经历了半辈子的苦难，拉扯大好几个孩子，好不容易现在生活变好了，身体却慢慢垮了，躺在病床上是一种怎样的处境。

1.

对不起，这的确是一个沉重的话题。

我们喜欢讨论成长，讨论金钱，讨论自由，讨论旅行，讨论关于美好生活的一切，但是却很少讨论衰老和死亡。

我曾经有一段时间“中二”得可怕，每次躲在被子里一想到再过多少年，自己将永远不复存在，就能瞬间吓出泪来。

后来我发现，比死亡更让我害怕的是之前的种种失去。因为衰老就是一个连续不断失去的过程——你的行动能力会丧失，你的记忆力会丧失，大好朋友会丧失，你的那些固有的生活方式也会丧失。

年轻的时候，我们都像王小波笔下的王二，相信自己会永远年轻，永远热泪盈眶，什么都锤不了我，我们愿意花很长的时间去旅行，去学习技能，在一个人身上浪费很多时间。

但是后来才发现生命就是一个慢慢受锤的过程。人老了之后，就容易“讨人嫌”。

你没有办法掌控今天吃什么、穿什么，甚至在哪儿上厕所、什么时候去。

我们都听说过“久病床前无孝子”“老无所依”这样的话，因为我们都深知，任何一个正常的家庭都无法体味在久病之人身边日夜照料的苦楚。

假使有人告诉你，这个久病之人会是自己，我觉得我不如瞬间死去。但是天底下哪有这种好事情！想得美！

2.

2016 年有一部电影，特别好看，叫《一个叫欧维的男人决定去死》，主人公是一个固执的老头，有一天他觉得自己生无可恋，老无所依，就决定去死。

但是死了八百遍都没有死成。

这部获得第 89 届奥斯卡最佳外语片提名的电影，是我个人当年最喜欢的一部，每次看到身边的老年人都会想起这部电影。

电影中的欧维，总是看这个不顺眼，看那个不顺眼，邻居都说他是地狱来的恶邻。

电影开场的十分钟，我一度以为看到了自己的未来，朋友们，吓哭了：独居，失业，没有另一半，被年轻人嫌弃，想死死不成——这生活也太丧了吧。

随着故事的推进，局面才慢慢缓和，人们才知道，他其实是一个内心柔软的男人，一位耿直的老大爷，他有一个深爱着、怀念至深的亡妻，他准备随她而去。

这部电影有两点让我很感慨：

我们时常会觉得老　辈的人就像欧维一样固执、死板，不可理喻，我们已经失去了陪伴老年人的耐心。

每个人都会不可避免地走向衰老，当我们老去，在暮年之时失去曾经的依靠和信念，我们应当如何生活？

当越来越多的高龄老人独居无伴，当我们的子女数量比任何时候都少，我们将如何独自度过最后的岁月？

3.

前段时间看了一本书，《最好的告别》，作者是哈佛医学院教授。

通常人们最不愿面对的话题就是衰老和死亡，而作者在书中讲述了死亡和医学的同时，也揭示了如何自主、快乐、拥有尊严地活到生命终点。

他在第一章中写道：不管我们的寿命如何延续，“老”就像日落一样不可避免。当独立、自主的生活不能再维持时，我们该怎么办？

书中给出的解决之道是，年老和患病时，人至少需要两种勇气。

第一种是面对人终将离去的勇气；第二种是依照发现的事实，采取行动的勇气。

对人类来说，生命之所以有意义是因为那是一个故事。每一个故事演到最后都要落下帷幕，但是如何让故事变得圆满而又体面，是所有人需要考虑的问题。

4.

不知道是不是因为当时天气太热的原因，还是我已经到了这个年纪，同辈、长辈中身体出状况的越来越多。

从医院回来，跟我同学聊起看病这件事。我说在医院守护病人这件事真的很难熬，我对医院有着一种天生的恐惧。

他说他也是刚陪护父亲回来，他爹在医院住了一个多月，被拿掉了一个“腰子”，幸亏家里有两个孩子，他跟他姐姐轮流照顾，不然真的是没有办法了。

5.

这就是现状，虽然我们正经历年轻，但我们迟早要面临一系列的问题，而我们的父辈们此时正在渐渐陷入这样的困境。

后来我发现，在养老这件事情上，老人需要两点：一是身边要有人，二是身边的人要帮助他们健康自立地生活。而我们认知当中的照顾老人往往只做到了前者，忽略了后者，老人很容易对生活失去盼头，进入一个恶性循环。

罗宾·威廉姆斯说，世界上最可怕的事，不是孤独终老，而是跟你终老的人，让你感觉孤独。

我们都不希望自己老了以后过那种没有沟通、不被尊重的看似“被关心”的生活。既然如此，就不要让自己的长辈或者父母去遭受同样的经历。

爹妈的朋友圈是一股泥石流

代沟深不见底的背后。

经常听到有朋友跟我抱怨，说自从加了爸妈的微信好友之后，朋友圈就沦陷了。

比如他们会告诉你，睡觉之前一定要关掉 Wi-Fi，有人用鸡蛋砸了车窗不能用雨刮器，吃五个猕猴桃能治疗口腔溃疡，吃两根香蕉就可以缓解便秘……

比如他们会在朋友圈发一些特别辣眼睛的文章：女人的第一次有多痛，点进去一看是失恋；看看部队男人的床上功夫，点进去一看是叠被子；别插着睡，99% 的男女都这么做，点进去一看是给手机充电。

有时候真的太佩服一些营销号了，把“色情”和“养生”毫无关联的两件事掺和到一起，为广大上了年纪的朋友扩展了知识储备。

我有个朋友，手特别贱，每次看他爹妈在朋友圈转发什么文章，第一时间举报，所以他爸妈总是很奇怪，为什么自己分享的文章，总是一转没。

今天的人生奥义小课堂就跟大家来聊一聊爸妈朋友圈那些事儿，顺便问一下妈妈，我到底是不是你亲生的啊？

1.

为什么说爹妈的朋友圈是一股泥石流？

某微博上之前搞过一个“爸妈朋友圈截图大赛”，看完之后，你就会发现，他们真的一个比一个戏多，全是“戏精”！

有个朋友跟他爸顶嘴了之后，他爸立马就转了一篇文章《不懂得感恩的孩子，成人后比狼更可怕》。

还有个朋友，妈妈在朋友圈发了一篇女人败家有利于婚姻幸福的文章，他爸在底下回复“狗屁”，过了十分钟，想想还是不解气，又回复了一个“欠打”。

还有更夸张的，有一天到晚发自己孩子儿时照片的，让人看了分分钟想跟她断绝母女关系；还有一些是连自己的女儿长成啥样都不知道的，都是美颜惹的祸呀！

有个朋友发了一张跟朋友的合照，一个人戴眼镜，另一个人没戴，她妈在下面留言说，宝宝你怎么又戴眼镜了？她回复说，妈，左边那个没戴的才是我。

2.

我跟爸妈的代沟究竟还有多大?

前几天我在朋友圈发了一条状态——天气热得想文身。

我的意思是，天气太热了，连短袖都不想穿了，有个文身在胸前或者肩上，在外面逛街撸串，大家应该能保持对我的尊重吧。

结果没想到，很快就被我妈警告了，不许文身！文身丑死了！当时我就跪了，我说你放心吧，你儿子没有当古惑仔的命，我怕疼！再说了，就算我要文身，也会文一个 Hello Kitty 或者叮当猫之类的。

我一个女性朋友说，你这算啥?

有一次我跟我爸聊天，我说我今天早点回家，我爸说你不是去约会吗?怎么，这次的男朋友又吹了?我就发了一个黑人问号脸。我爸说，这个，的确不行。

后来又补了一句：这人长得太黑了。

3.

我妈是鸡汤小达人，灵魂段子手。

生活中的任何事情，她都能在三句话之内，成功地把话题转到鸡汤和励志上面来。

比如我说我饿了，想吃东西。

她就会说——但凡有所成就的人，都有自己下厨的动手能力。如果你不会做饭，你可以试学一下，做饭非常锻炼人。请记住，在干任何事业前请先学会做饭，一个人，如果连填饱自己的肚子都做不到，还能指望他（她）做出什么大事来？

有一回，忘记是因为什么事儿跟她顶嘴，她立马发了一条状态，并配了一张我的照片。

再想冲娃发脾气时，心中默念这娃是我亲生的亲生的亲生的。这基因是我遗传的遗传的遗传的……如果娃的基因不小心遗传了他爹的，想要火冒三丈的时候，请心中默念娃他爹是我选的我选的我选的，我活该我活该我活该……

4.

尽管如此，我还是没有屏蔽他们。

因为我知道，这可能是他们唯一能主动监测我日常举动的途径了，所以才会全方位关注我的一举一动，对每一条状态都信以为真，我的每一句矫情，无病呻吟，对他们来说都是了不得的大事。

他们可能刚刚学会了使用智能手机，也在努力地接受各种新鲜事物，想能跟我有多一点的共同话题，又怕打搅到我。

他们口是心非，一边嘲笑你太胖，一边又让你多吃点；他们言不由衷，一边嫌弃你太懒，一边又让你别太拼命；他们言行相悖，一边催促你赶紧找对象，说再不结婚就晚了，一边又觉得你还是个孩子。

他们总是用唠叨和嫌弃，来表达爱。

5.

《奇葩说》有一期《父母老了该不该送养老院》，那一期看得我真的非常难过。

马微微说，人一老，就变得像小孩子。但他们与小孩最大的不同是，小孩不装，他们需要爱，就去要。而父母会装，他们爱逞强，他们不想拖累子女。

马东说，家人是我们的全部，我妈对我是百分之百。

我们能陪伴父母的时间，真的是可以数得出来了。**父母在，人间尚有来处；父母去，人生只剩归途。**

很多在外地上学的、工作的朋友，跟父母面对面交流的机会正变得越来越少。

我们走得越来越远，我们的世界变得越来越大，而父母的世界却越来越小了。

也希望大家在平时能多给爸妈一些陪伴！

请别生活在垃圾桶里

生活的幸福感其实很简单。

村哥是我的前同事，我们已经许久不曾联系。前几天他突然在微信上找我，问我有没有时间，想邀请我去一趟上海，陪他一起去谈一个项目，见几个投资人。

一开始我是拒绝的，因为之前两次见投资人的经历已经给我留下了非常大的心理阴影。

村哥一口气给我发了八条语音，说你来吧，来回车费都给你报销，还管你饭管你住，正好我刚搬了新家，你过来参观一下。

于是我，一个热心的、乐于助人的、灵魂有香气的男孩，在听他讲完这番话之后，立马答应了他的请求，屁颠屁颠儿地从杭州滚到了上海。

项目的事情，我们先暂时按下不表，但是在参观了村哥的生活之后，的确让我感触颇深。

出乎我的意料，一个纯种直男，人称“张江高科小汪峰”，我原本以为屋子会像一个垃圾桶，没有下脚的地方，走进一看却完全出乎我的意料，一个大写的 UNBELIEVABLE（难以置信）！

说实话，我到现在还不清楚，村哥是如何从中关村出走，从产品经理变成设计师的。只记得一起上班那会儿，他就对房子啊、装修啊特别喜欢。很多年前，正当所有人都觉得村哥会在中关村撸起袖子大干一番的时候，他却毅然决然地离开了北京，独自一人带着行李来上海打拼。

看得出来，这些年下来，村哥貌似混得还不算太差。咖啡机、滚筒洗衣机、智能马桶、指纹锁、智能水槽、联邦家具……在这个看上去只有三四十平方米的房子里，村哥居然都配全了。

我问村哥，这套房子多少钱买的？

他说租的，一个月 6000 块。我问，租来的房子，你布置得这么好，是不是有病？你是打算一辈子都租在这儿吗？

他说，住在这儿离我公司比较近，主要是图一个方便，周边配套也齐全，而且我跟房东签了三年，所以短期内不会搬家。

我说，那你为啥不把钱省下来，先攒一下首付，然后买一套属于自己的房子呢？到时候你爱怎么布置都不会觉得可惜啊。

他说，买得起房子也不一定有好生活啊。

“为什么一定要有一套自己的房子，落上自己名字的房产证，才可以称得上是完美的人生呢？你看人家国外不是租房子生活吗？也没有因为一张房产证，耽误自己追求品质生活。”

村哥的话让我无地自容。

你的生活态度，决定了你过什么样的生活。

虽然很早之前，我就看过《房子是租来的，但生活不是》之类的文章，但是当我认真审查过村哥的生活之后，我才理解其中的意思。

房子其实是一个人品位和修养的折射，无论这房子是你买来的，还是租来的。

可能你也跟我之前的想法一样：等我有钱了、买房了之后，我再过怎样怎样的生活，我要把那里装修成什么样、设计成什么样。

但是，事实并非如此。

我不相信你住在出租屋里，搞得乌烟瘴气，满地垃圾，有了房子之后能过上什么精致生活；我也不相信现在连厕所和厨房都不会打理的你，有了高级厨具和高级卫浴之后，能一下子就变得有格调起来。

我见过很多热爱生活的人，虽然没有太多的钱，租在小房子里，也可以生活得井井有条，非常温馨；也见过富丽堂皇的房间里，充斥着各种乱七八糟的垃圾。

只能说，**生活这件小事，有时候并非由钱决定，而是由习惯和性格决定的。**

村哥的事情，让我想起前段时间看的一档日本的家居改造节目。

有一期，叫《在窗外淋浴的家》，请求改造的是一位独自抚养两个孩子的妈妈，她的房子一楼只有 9 平方米，二楼 7 平方米，10 年前她租下这儿，在一楼开了一间小食堂，住在二楼。

这间房子的奇葩之处在于，只有一个厕所，和小食堂是一起的，为了不影响母亲做生意，孩子每次都要先打电话，问厕所里有没有人。更为尴尬的是，每次洗澡，孩子们都需要翻墙到二楼的室外，从窗户那儿爬出去，才能在阳台上的淋浴间洗，淋浴间只有 1 平方米。

其实这期节目最让我感动的地方，不在于设计师那双魔术般的手，实现了普通人追求品质生活的梦想，而是这家人的生活态度。

所以想到这里，我开始有点明白，为什么村哥坚持要在自己不大的租来的房子里，铺上很好的地毯，装上最高级的电动马桶，买了咖啡机和滚筒洗衣机，在自己经济能承受的范围之内，给自己最舒适的照顾。

因为这是一个你每天去外面厮杀、拼搏、努力归来之后，能够让你迅速回血的地方。

你可能会说，啊，我每天已经这么忙了，回到家真的没时间去收拾屋子、打扫卫生、整理家具、在桌上插上鲜花啊。

这让我想起一句话，很多人不肯把房间清理得太干净，是担心房间清理之后，就不得不去面对心里的烦恼了。

我们总爱用表面的忙碌和杂乱来掩盖和逃避内心的压抑情绪，于是矛盾情绪如同房间的杂物一样越积越多。

中午在村哥家吃饭，他给我做了一碗面，在吃饭的过程中，他跟我说了一个故事。

刚来上海那会儿，有一次去参加一个厨具的品牌发布会，其中有一个互动环节叫“心中的橱柜”，主持人让每个人往透明的幻灯片上画出自己心目中的橱柜。

村哥想起有一次加班，晚上从地铁里走出来，看着高楼大厦的灯光星星点点，路灯是淡蓝色和黄色的，当时他想，肯定有那么一天，这其中的一盏灯光是属于自己的。

于是他把这个想法结合主题，画在了幻灯片上。果不其然，村哥在那次发布会上赢得了众人的掌声，获得了大奖。

我歪头看了看村哥的橱柜，果然是黄色和蓝色相间的。在别人眼里可能就是个“地中海风格”，可是听了故事的人都知道，这就是村哥的橱柜，谁都拿不走，因为它带着一股村哥味儿。

他说，其实每个人对家的定义都不同，设计源于生活，只有加上自己对生活的理解在里面，才是有温度的好的设计。

和菜头写过一篇《阳台有花》，他说，因为生活里还有美，那么哪怕是在苦苦挣扎，那依然是一种生活；如果因为苦苦挣扎而放弃了美，那么活着也不过是活着而已，所以每一家人都有一个阳台，在每个阳台上应该都有一盆花。

是的，生活中的幸福感，其实很简单。

突然想起李娟说的那句话——人之所以能够感到“幸福”，不是因为生活得有多么舒适，而是因为生活得有希望。

当你老了，会和谁牵手旅行

自信，快乐，年轻。

在奥地利旅行的那些天，我发现一件神奇的事，在这个国家很容易让人治愈颈椎病。因为我每天都仰着脑袋，望向那哥特式和巴洛克式的建筑，望向那奇异古怪的雕塑，望向那刺穿天际的尖顶。

这是我在国内生活了那么多年，第一次踏上欧洲的土地。

记得很多年前，当时还在媒体，因为工作关系，去过一次釜山，兴奋得好久都睡不着。后来手头稍微宽裕，就喜欢往东南亚跑，清迈、普吉、苏梅岛。一是因为免签，二是物价便宜，而我这个人比较懒，不喜欢做攻略，所以熟了之后就不想换地方。

这次来欧洲旅行，是计划之外的事情。

前段时间，我的好朋友肥虫在微信上问我，要不要一起去欧洲旅行。我的第一反应是，欧洲耶！一直想去但是没机会去的地方。当然我说的没机会，并不是指没有时间，而是没有人可以成行。我目前的工作是自由职业，所以时间对我来说，自然是充裕的，问题就在于身边的大部分朋友除了传统的节假日，根本没有时间出去玩儿，而对我来说，节假日出行，就是一种折磨。

所以当同样拥有充裕时间的肥虫邀我同行的时候，我当然是立马就答应了。因为肥虫是个资深玩家，这几年他就以旅行为生，在互联网上也有大票的读者，很多人知道他，是因为他带着一只从越南捡回来的狗，叫双喜，一直奔波在路上。

有一种说法叫：两个人旅游，通常是一个人负责订来回车票、订酒店民宿景点门票、计划好目的地路线行程、衔接整体开销、查看好天气情况帖子攻略网友好差评、想好怎么看怎么玩怎么吃，另一个负责当弱智。

而我，和肥虫一起出游的话，我可以理直气壮地当弱智了，简直棒呆！

随着出发时间的临近，突然有一天肥虫告诉我，他的小狗办不了欧洲签证，他又不忍心把狗丢在朋友那儿自己去玩儿，所以只能让同事大黄陪我一起去了。大黄也是一个资深玩家，之前在美国留学了好几年，英语很厉害，所以跟大黄一起去欧洲，自然也是一件高兴的事儿。

其实这次来欧洲，主要是受某游轮品牌的邀请，体验游轮的。我们从维也纳登船，然后往西去了捷克的克鲁姆洛夫、奥地利的萨尔茨堡、德国的慕尼黑，又往东去了斯洛伐克的布拉迪斯拉发，最后两天去了匈牙利的布达佩斯，从布达佩斯返回上海。

这几天的行程基本上是：白天上岸观光，晚上回船上睡觉。后来我发现这样的旅行模式真的挺不错，游轮就像是一间移动的酒店，免去了人的舟车劳顿，一觉睡醒，就从一个城市换到了另外一个城市，没有交通拥堵，不会迷失方向，且随时可以欣赏两岸变幻的美景，不必担心会影响睡眠。

前三天的行程都在维也纳，主要是城市观光，去了茜茜公主博物馆、美泉宫、美景宫、圣史蒂芬大教堂，然后听了一场莫扎特和施特劳斯的音乐会。

后来去了慕尼黑，这是德国南部第一大城，也是全德国第三大城市，仅次于柏林和汉堡。在慕尼黑的一天，是这趟旅行最得意的一天，不仅参观了宝马的总部，看到了各种各样的新款汽车，还吃到了正宗的德国猪肘子。比较遗憾的是，我在玛利亚广场自拍的时候，不小心把手机摔到了地上，发了一个朋友圈，很多人都说我一定是自拍发多了，手机受不了了。

捷克的克鲁姆洛夫，是我整趟旅行最喜欢的一座城市，这座城市是世界上超级漂亮的城市之一，在 1992 年被联合国教科文组织列为世界文化遗产。

你会发现这里的人们，是发自内心地快乐的，吉卜赛人在街边卖唱弹琴，有人在河里划船戏水，也有人点一杯啤酒或者一杯咖啡，就可以在阳光下消磨一下午的时光。

这次的行程，感受还是挺多的，主要说三点吧。

第一，我看见了两个字：**自信。**

这是我走在欧洲的大街上，从人们的面部表情上看到最多的两个字。这份自信不是建立在与他人的比较上，而是根植于自己的内心。

相比欧洲古城看上去每天都没什么变化的生活，国内简直是热闹一百倍。年轻人都在讨论创业，讨论赚钱，讨论怎样实现财富自由。

有时候我喜欢这种看起来活力无限的环境，但有时候也不完全认同，所有人都在争先恐后地发表自己的观点，那么渴望被关注、被认同、被理解。

有一些人是真的在追逐自己的梦想，想要实现自己的价值，我对这类人抱有敬意，但是在更多人眼里，梦想就是金钱，他们并非真心喜欢自己想做的东西，只希望靠复制别人的经验来赚快钱。

去年我在杭州创业，项目是商业街铺，见识过非常多的面包店、咖啡店、冷饮店，一片一片的。但是在欧洲，不会同时出现那么多家同样的蛋糕店和花店，他们不会因为要赚快钱就开起连锁，把模式迅速复制，把标志搞得满城都是。

在维也纳逛了几家咖啡馆，大多数都有着非常悠久的历史，而且主人只开这一家，他们执着于自己想做的事情，而不是别人期望的，他们选择自己喜欢的生活，而不是精英社会所推崇的。

每个人都在扮演自己的角色，并不只是用金钱来衡量自己的工作，整个社会看起来没有那么热火朝天，但是每个人都充满自信。

第二，我看见了两个字：**快乐。**

这两个字是我从游轮的工作人员身上看到的，无论是船长，还是导游、厨师、酒吧小哥、打扫房间的保洁，每一个人给我的感觉，是他们真的发自内心地喜欢自己的工作。

我始终认为，职业没有贵贱之分，只有你真心喜欢自己的工作，才能真诚地对待工作本身，真诚地对待你的客户、你的合作伙伴、你的同事。

第三，我看见了两个字：**年轻。**

坐游轮旅行，比较适合中老年人。因为不用担心攻略的问题，不用担心语言不通畅的问题，不用担心旅途劳累，不用担心吃不习惯的问题。

事实也的确如此，我们这次行程，船上有一百多人，有很多是台湾的中老年游客，也有很多是中年夫妻带着长辈、晚辈同游的，不过最让我佩服的还是下面三位老奶奶：她们三个是自己相约结伴旅行的，而且三个人都已经80多岁，年纪最大的88岁。

之前去东南亚旅行，其实很少看见有单独出来玩儿的中国老年人。为数不多的，可能是年轻夫妻带着爸爸妈妈一起，中国老人大多跟在子女的身后，或者吆喝到处乱跑的孙子孙女要注意安全，然后摆着幸福姿势跟孩子们合影。

我几乎没有看见过有中国老人安静地躺在海边的沙滩上晒太阳，或者喝东西，更别说跟其他国家的年轻人聊聊天。他们更多的是坐在不需额外消费的地方，等待去别处消费的孩子。

在欧洲的这几天，我看到很多当地老人，走路都不利索了，也不影响开敞篷跑车，还和老伴在河边吃自制的三明治、看夕阳，云淡风轻。

我不知道我老了会怎样，我也不知道到时候能不能像三位老奶奶一样，还有精力邀请上三五好友，再勇闯天涯。我只希望，到时候我还能走，哪怕磕磕绊绊，还有些闲钱，可以自己支付花费。

之前我在文章里说过，我从来不羡慕任何人的生活，我只希望我到老了，依然拥有旺盛的精力，饱满的生活在我眼里就是好生活。

让你的生活变精彩的生活指南

负负得正。

5

Don´t sit around

waiting to die

如何在 KTV 出人头地

温柔点，不要打扰别人。

尽管这几年实体行业一直不太稳定，好在从未影响人们娱乐聚会，KTV 就是一个都市年轻人喝酒聚会的绝佳场所，给自己减压，让友情加分。

当你结束了一天疲惫的工作，决定邀三五好友、同事一起去 KTV 唱唱歌、喝喝酒、聊聊人生和八卦，却总是出现各种各样的幺蛾子。

所以，你真的以为 KTV 就是自我娱乐的场所吗？

今天，作为国内仅存的 KTV 野生观察家，我决定把我的心得体会跟大家分享一下，如何才能在 KTV 出人头地，欢迎来到江大夫的人生奥义小课堂。

首先，你必须意识到，一个包厢就是一个江湖。

今天在座的都有谁？左边是你的同事王哥、小李、Mike，右边是你的女神 Melody、同事 Cindy，还有暗恋你许久的玲玲，以及临时入伙的闺密芳芳。

进入包间的第一件事，切忌跟盲流子似的第一时间点歌，被女神的出现冲昏头脑，迫不及待想要表现一番。你要做的是静观其变，看看大家的反应，谁和谁在说话、谁已经开了酒、谁又在玩手机。

脑海中开始思考一件事：今天要唱什么类型的歌才能一鸣惊人？软绵绵的小情歌恐怕不行，完全没有技巧可言，飙高音唱《青藏高原》又显得自己太过用力，怎么办？

不用着急，不妨先把前三首歌留给你的同事和朋友，正好让他们试试音响和话筒的效果，也顺便看下其他人的反应。开战之前，先按兵不动，知己知彼，方能决胜千里。

唱好这一战，不仅可以虏获女神芳心，也能在职场社交上给自己加分不少，做到以下这几点，你朋友圈小百灵的身份恐怕是瞒不住了。

选歌要安全。安全的意思，并不是让你唱一些烂大街的歌曲，或者20世纪八九十年代的苦情歌，男生如果唱《冰雨》《男人哭吧不是罪》《单身情歌》……女生如果唱《挥着翅膀的女孩》《隐形的翅膀》《爱的供养》，绝对减分，定让整个包厢的人陷入一种煎熬的状态，男神女神的眼睛里写满了求求你赶紧唱完闭嘴吧，只要你不开口我们还是好朋友。

点歌请遵循“大家都熟悉，但是别人唱不了”的原则。这一类歌曲最大的特点就是有个性，又烘托气氛。唱好了，大家会觉得，哇，好牛哦，唱不好大家也觉得很正常，不会丢分。

随着气氛逐渐热烈，要成为全场焦点，让大家知道你才是 Party King（聚会之王）或者 Queen（王后），这个时候调动大家的情绪就尤为重要了。

调动情绪的方式，简单来说有两种，一种是邀请他人对唱，另一种是嗨翻全场的劲歌。

我们先说第一种，邀请他人对唱。如果你邀请的是兄弟同事，谭咏麟和李克勤的《朋友》是一个很好的选择，或者古惑仔系列的《刀光剑影》和《友情岁月》也不错。千万不要唱小沈阳的《我的好兄弟》，先不说这歌的第一句“我的好兄弟，心里有苦对我说”已经让人羞耻得不行了，更别提那高潮部分的高音了，你能飚得上去吗?

如果是女生合唱，范玮琪的《一个像夏天一个像秋天》也是禁忌。唱这歌，两人看上去很和睦，其实暗暗较劲儿，用王坏的话说，一个拼命把 key（音乐的调）往上拽，然后把高音部分丢给另一个，另一个装出一脸甜蜜，其实满心都是“去你的”。

如果你想邀请你的男神或者女神跟你合唱，那么重点来了，敲黑板：千万不要用力过猛!《广岛之恋》《今天你要嫁给我》《最重要的决定》……当你对着女神深情地唱出“越过道德的边界，我们走出爱的禁区……”坐在包厢角落的基友不知为何红了脸。

说完对唱，再来说嗨歌，**首选五月天！**

是的，再没有其他任何一个乐队的歌曲能够与五月天的比肩，适合在KTV 把大家的情绪推向高潮。《伤心的人别听慢歌》《离开地球表面》《恋爱 ing》《派对动物》……

人生难得糊涂，偶尔脱轨演出，嗷嗷 oh oh，Let's go party party all night，你就是 King。

其实 KTV 最容易观察各种人的情绪：有只想好好唱歌发泄一下人生烦恼的正常人；也有飙高音飙到不知道要吓死谁，喝酒喝到需要被安慰的表演狂；还有不顾形象唱神曲《农业重金属》只为活跃气氛，怕冷场的老好人。

这些人其实都没什么杀伤力，最怕下面三种：

第一种是社交达人。明明自己唱得非常烂，各种走调，还强行跟你对唱，把你也拐跑，唱完之后还鼓励你说你唱得不错，举起啤酒瓶说，干一个！

第二种是隐形麦霸。前奏响起来，大家互问，这谁点的歌啊？她会非常热情地看着你说，亲爱的，这是我特意给你点的。你说，但是我不会唱这首啊。她就拿起话筒，非常为难地说，啊？那我来唱咯。然后一口气唱十多首。

第三种是随意切歌的，你唱了一半刚要到高潮部分，吧唧一下变成了另外一首歌的前奏，然后她非常不好意思地说，哎呀我不小心点到了，然后开开心心接过你的话筒唱她的了。

最后，若是有人点《情歌王》，建议你立马拿起衣服离开包厢。

选择恐惧症自救指南

你是随波逐流者，还是主宰者?

香港作家陶杰在《杀鹌鹑的少女》里写过这样一段话，他说——

当你老了，回顾一生，就会发觉：什么时候出国读书、什么时候决定做第一份职业、何时选定了对象而恋爱、什么时候结婚，其实都是命运的巨变。

只是当时站在三岔路口，眼见风云千樯，你做出选择的那一日，在日记上，相当沉闷和平凡，当时还以为是生命中普通的一天。

这句话在文艺青年的圈子里传播甚广，一度成为很多朋友的座右铭。

我第一次读到这段话的时候，跟大多数人的心情一样，感觉胸口被什么狠狠击了一拳。在面临选择的时候，也会纠结，会犹豫，会不知所措。

比如要不要辞去一份工作，要不要结束一段感情，要不要离开一座城市，开始新的生活……人最苦恼的事情，不是没有选择，而是选择太多，无法定夺。

TED（一家美国私有非营利机构，以其组织的 TED 大会而著称）有个演讲叫《如何做出艰难选择》，哲学家张美露说：“艰难的选择并不存在，这取决于我们是做命运的漂流者，还是主宰者。”

我的人生曾面临三个比较重大的选择。

第一个选择发生在四年前，决定离开北京。当时我已经在北京待了八年，从上大学开始到第一份工作结束，也曾纠结过、挣扎过、迷茫过。

当时我在微软 MSN（微软公司旗下的门户网站）就职，工作还算光鲜亮丽，但是我无论如何不能凭着这样一份工作就可以在北京安身立命，姑娘说要找一个有房有车的男人已经不是什么不好意思说不出口的话了。

直到今天我还能想起那个收拾行李的夜晚，大概 10 平方米的出租屋里堆满了旧书、杂志，还有一些生活用品，被我整整齐齐地打包进了八个大纸箱。

那种感觉就好像你当年拖着行李坐上火车时的所有憧憬，又被一个个塞进箱子打包了回来。

在告别北京那篇文章中，我曾说，有时候人们做出决定，并非经过深思熟虑，只是突然觉得像是有一种召唤，让你去过一种新的生活。

这种生活并不一定充满喜悦，但是你很好奇，脚下的这条路究竟会通向何方。

我不确定回杭州之后一定会活得比现在更好，但是我愿意为这个可能进行新的尝试。

第二个选择发生在两年前，我决定离开阿里。

这当然是一家特别优秀的公司，聚集了非常多有思想有才华的年轻人，藏龙卧虎。在这里上班，代表着各种光鲜亮丽的东西和世俗的标准：高等教育、BAT（中国三大互联网公司首字母的缩写）、中产阶层的体面生活。

但是工作了一段时间，我就意识到了问题。自从我去上班之后，几乎很少有快乐的时候，体面的薪水和莫名的优越感已经很难让我产生满足感，做的几个项目也让我仅有的成就感荡然无存。

长时间高强度的工作，导致了私人生活的贫乏，而很多人又将这一缺憾变本加厉地投射到对物质的欲望之中。

这可能不是我想要的生活，我跟自己说。在生活中失去的很多东西，无法用工作弥补回来。谁都渴望一份稳定的工作、一份体面的薪水，但是也总有人不愿意在确定无疑的生活中慢慢老去。

如果迟早要选择离开，为什么不是现在？

第三个选择，是放弃一段感情。

在之前的文章里，我曾说过，我最初有勇气在博客上写东西，完全是因为这个人。

跟所有的情侣一样，我们相识，彼此赏识，发展成一段关系，然后逛街、吃饭、看电影，随后在生活中彼此消磨，因为一点琐事生气、吵架。

最终对方离开北京去美国读博，而我离开北京回杭州找了一份工作。在争执的那一段时间里，我们谁也没有办法说服谁去做出正确的选择，你要的是一个星辰大海，而我只想守住眼前的生活。

廖一梅在《悲观主义的花朵》里说，我们经常同时使用“爱”这个词，但在彼此眼中却完全不是同一个意思。我们就在这种滑稽的误解中热恋了两年，还逼着对方发誓要永远在一起。

和大多数恋人一样，我们没有说到做到。

可能有时候你也会想，如果当初不是选择那样，会不会一切都不一样？如果人生真的就像一场电子游戏，玩坏了可以选择重来，生活会变成什么样子？

可惜人生没有彩排，每一天都是现场直播。

有的人在人生选择的这条路上，总是顾此失彼，想要的太多，因为拥有的感觉是如此美好，所以才让人欲罢不能。然而如果你认真审视过自己来时的每一步，其实就会发现，你真正拥有的和需要的其实并不多。

生活中有太多的选择，多到人们无所适从。事实上，无用的选择，其实都不是选择，那只是你给自己增添的情景戏，徒增不必要的烦恼罢了。

选择的要义，在于我们要赋予它真正的意义，与其纠结如何做出正确的选择，不如努力去证明自己的选择是正确的。

冒昧问一句：
你有多久没那个了？

我说的是阅读啦。

2017 年的《奇葩说》虽然早就已经落幕，但是罗振宇在最后一场辩论中说的一段话却让我记忆犹新。

他说，合法挣钱，是这个时代最有尊严的生活方式。传统社会最重要的资产，是财富和能力。未来社会最重要的资产，是影响力。

影响力怎么构成？两个能力，第一写作，第二演讲。这是我们生活在这个社会的重要技能，如果你不会，那就是技能的缺失，趁我们年轻，我们要去练。而阅读，是培养这两个能力，成本最低的方式。

没有阅读能力的人、不看书的人，很有可能即将、马上、正在被社会淘汰！

嗯，好吧，最后一句其实是我说的。

不是真的要吓唬你啦，但是我摸着你的良心告诉你，阅读的确可以改变人的命运，至少从某种意义上改变了我的轨迹。

那么，各位亲生朋友，欢迎来到今天的路边社人生奥义小课堂，我们聊一聊阅读这件小事，请各位收起玻璃心和矫情，多花点时间、精力在阅读上。

1. 用阅读获得认同

青春最残酷的事情是什么？第一容颜，第二没钱。

但是还有一件事比这个更更更更更残酷，今天我要告诉你们，那就是——无法获得他人的关注与认同，因为我们对自己的认识在很大的程度上取决于他人对我们的看法。

如果你没什么钱，长得也很不起眼，怎么办？把自卑的精力放在阅读和学习上，在内心告诉自己：也许我没有钞票请你大吃一顿，也没有漂亮的裙子参加你们的派对，但是我会用一种更体面的方式赢得尊重。

我在青春期的时候非常瘦、非常矮，说像猴子吧，其实也没错，就是我跟我妈上街出门，陌生人都会给我喂个香蕉啥的。

作为一个瘦弱的男生，自卑的情绪，你们可想而知，每次看到别的男生在打篮球、在追求对象，都觉得他们像是遥不可及的大明星，呼风唤雨的骄子，被人崇拜的偶像。

我唯一可以仰仗的是什么？

小时候大概是上语文课的时候，老师念我的作文，作为范文被登在校报上；稍微长大点是看了不少无用的书，因为志趣相投，认识了不少三观一致的朋友；再后来就是你们看到的那样。

2. 用阅读打败寂寞

小的时候，家里是开茶厂的，后来由于我爹经营不善，合伙人跑路，工厂倒闭，他去了一家纸厂上班。

那段时光，对他而言，可能是一段黯淡的岁月，对我而言，却是闪耀的记忆。因为我记得那时我每天放学回家，最开心的事情就是坐在门口等他回来，自行车的前篮子和后座总会载着满满的旧书、杂志。

虽然每次都被我妈骂得体无完肤，说他又带一大堆垃圾回来，家里没地方放，但是对我来说，那些可都是宝贝！

我就是在那样“一堆垃圾”里面读到了《一千零一夜》《格林童话》《十万个为什么》《小王子》《鲁滨逊漂流记》《爱丽丝漫游奇境》……

小时候偶尔会觉得孤独，孤独的时候就看这些书，就很快忘记了孤独这件事；长大后偶尔会觉得寂寞，寂寞的时候找一本自己喜欢的书，便也觉得不是很难熬。

蔡康永说，有一种寂寞，不是靠恋爱可以解决的，不是靠养小孩可以解决的。那是一种“念天地之悠悠”的寂寞，阅读，也不能解决这种寂寞，但是阅读可以让我们理解这种寂寞。

3. 喜欢畅销励志也无妨

不用揉眼睛了，你没有看错！

是的，曾经我很鄙视那些看畅销书和励志成功学的人，觉得那样的人都特别无趣、无聊、世俗、功利。

现在我打算收回这句话，并不是因为我也出版了一本畅销书，而是纵观现在的图书环境，我发现——越来越多的年轻人已经丧失了阅读的能力。

我不想给那些还在阅读的朋友泼冷水了，我打算做个好人。

我有朋友喜欢看二次元、漫画，也有朋友喜欢看灵异悬疑、玄幻修仙，还有朋友喜欢看古代言情、都市爽文。

我觉得只要适合自己就行，阅读这件小事千万不要有太多的优越感。

不要因为一本书名气很大，就去买来摆在书架上，也不要因为谁谁推荐，就觉得那本书很厉害，没有看过就丢人。

看书的目的就在于，在看的过程中得到快乐。如果看一本已经变成一种任务，或者煎熬，那么请赶快扔掉！否则就是浪费时间。

倪匡说：你爱看的书，才是你应该看的书！

4. 为什么你没心思看书？

前几天跟一个朋友交流，她们在办一个读书会，想邀请我拉一些朋友过去分享一下，或者当社员。

我在好几个微信群里征集群友，却发现很多朋友已经很久很久很久很久没有看过书了，有的说没有时间，有的说没有心情。

“阅读很需要状态的嘛。”他们说。

我觉得这已经是很多人的常态了——总是在追求失去的东西，想着无法实现的梦想，每天被这些东西困住，哪儿还有心思阅读？

我觉得这个时候你需要做两件事：

（1）找到真正困住自己的是什么。

（2）调整自己的状态，先找一本轻松的适合自己的书开始读起，激起自己的征服欲。

我不知道别人迷茫难过的时候，一般怎样消遣时光，安慰自己。我一般就是看书。

2016 年有一段时间，感觉自己特别丧，看了刘震云的《一地鸡毛》感觉好爽，于是把他所有的作品都买了下来，从《我叫刘跃进》《我不是潘金莲》《一句顶一万句》到《故乡》三部曲，一个礼拜就把七八本书看完了，立马觉得自己又活过来了。

5. 很多书看过就忘，还看鸡毛？

有很多朋友可能会说，我也看过很多书，但是我看完之后就会忘记，常常几个月之后就完全不知道当初看过这本书了。

这让我想起一个故事：

青年问禅师：读书到底有什么用？看完不也是忘了吗？

禅师让青年把放煤炭的空竹篮拿过来。

青年拿过来，禅师说，你去河里打水。

青年打了一篮子水，又打了一篮子水，水都流走了。

青年很困惑：竹篮打水一场空，不是吗？

禅师说："读书正如竹篮打水一样，你总觉得什么都没有获得。可是你看看，原来脏兮兮的篮子现在怎么样了？"

虽然，有时候我们会忘了我们看过什么书，但是书中的内容会以一种更高级的方式，隐藏在我们的气质中。

正如德国作家赫尔曼·黑塞说的那样："世界上任何书籍都不能带给你好运，但是它们能让你悄悄成为你自己。"

我是这样治疗焦虑的

有时候觉得众生皆可笑，

有时候又觉得自己幼稚到无可救药。

1.

不知道你们有时候会不会突然就陷入一种非常焦虑的状态：对什么也提不起兴趣，觉得做什么都挺没劲？

我经常会有这样的感觉。

我曾经一度以为是自己的工作性质使然。关注我的朋友应该都知道，我没去正儿八经上班快两年了，一直闲在家里，大部分时间在自己写东西，剩下的时间看书、弹吉他、玩游戏什么的。

Freelance（自由职业者）了这么长时间，其实慢慢发现，自由职业者的状态并不像外人说的那么好，什么都是自由的、什么都可以自己主宰。

自由职业者需要有非常高的自我驱动能力，如果你不是这样的人，每天给你自由，是很容易荒废掉的。

这种生活方式，还有一个很大的缺陷，就是远离圈子，当然我本身就是一个不喜欢混任何圈子的人，但是我说的这个圈子，是某一个群体、一家公司、一个行业。

你离这些人远了之后，做任何事情都会有一种简单做判断的倾向。

不跟讨厌的人打交道当然是很舒服，但是久不见诛心之事，专心做自己的东西，虽然生活逻辑自洽，但是内心会变得单一。

有时候觉得众生皆可笑，有时候又觉得自己幼稚到无可救药。

看到身边比自己年轻的人，一茬一茬追上来，而且比自己更厉害，焦虑感就会像晚风一样突然袭来，让人措手不及，挥之不去。

2.

那我是如何治疗我的焦虑的？

首先，我觉得你要明确——这个世界最最重要的是自己，你的健康、你的快乐、你存在的价值，而不在于其他。

很多年轻人焦虑的原因，往大了说，无非两条：没钱，缺爱。

导致的结果是面对高昂的房价束手无策；不喜欢自己干的工作，但是又不敢随便辞职；喜欢的人得不到，得到的人不喜欢……

当你陷在一种情绪里，无法自拔，就很容易钻牛角尖。当这种情绪越积越多，任何一件小事都能变成压死骆驼的那根稻草。

这个时候，就需要拿出爱咋咋地心态，活下去最重要。工作是做不完的，钱也是赚不完的，比你过得好的人还有太多，比你丧的人也是一大把。

别委屈巴巴，又不是只有你一个人求爱求钱而不得。

3.

统一了世界观之后，我们再来说方法论：

（1）看书

我知道，阅读这个事情已经说很多遍了。大道理我们懂得很多，但是有些小情绪却难以自持。

有很多朋友会说，我也知道看书好，但是我看不下去，我没有耐心，我一本书拿起来只能看 10 页。前几天我还收到某个读者的留言，他说社长我好羡慕你这种会表达的，感觉很畅快淋漓，但是看其他书我就不行。

有这种情况的，一般不是你的问题，是书的问题，是你没发现自己究竟应该看什么书，如果没有发现乐趣，仅仅把阅读当作一种任务，当然了，做任务都是痛苦的。

关于阅读，我觉得你可以看看这篇文章——《我为什么不推荐你读名著》。

（2）弹吉他

这里说的弹吉他，是因为我喜欢，这是我的爱好，每个人都应该有一门自己的爱好。

现在我觉得很多人生活得不快乐，是因为总是喜欢在朋友圈里表现出其实自己并不具备的品质。

很多人极其自卑，但是又极度渴望告诉所有人，我是一个生活得很好的人，他们活在自己的幻想中，活在自己感动自己的世界里。

他们晒加班、晒健身、晒自己的各种计划，以为自己做了计划，就得到了成长，其实是不敢停下来面对自己的心，所以一直在让自己焦急地忙碌着。

但是我希望你在现实生活中比在朋友圈过得更充实、更快乐，有一个或者几个自己真正热爱的项目，哪怕是种花、养蚂蚁、织毛衣。

（3）打游戏

对很多男生来说，他们的兴趣爱好可能没有女生那么广泛，他们又不喜欢做美甲，也不善于弹吉他、搞文艺，那么打游戏是心灵慰藉最好的方式。

很多人其实对“游戏”两个字存在特别大的偏见，通常觉得打游戏就是浪费时间，沉迷游戏会耽误学习、耽误工作，其实现在很多人玩游戏的诉求已经变了，享受游戏只是一方面，另一方面是为了社交。

很多不快、焦虑，其实都来源于比较。

把它转化成动力，就是好事。人是需要竞争和对比的，去更大的公司、去更大的城市，你就会发现外面的世界，厉害的人真的很多。生活在小地方的人，缺乏竞争的人，总觉得自己怀才不遇，他们缺乏机会让自己意识到本身其实是平庸的。

如果比较不能转化成动力，那就会变成嫉妒，甚至转化成恨意，对于你讨厌的人来说，伤害不到半分，最痛苦的还是自己。

看你自己的选择。

如何对付
喜欢搞暧昧的女生

我本将心照明月，无奈明月照沟渠。

前阵子有个新闻挺感人的，相信很多人都看了吧？说有个女生去相亲，第一次见面点了 10 只虾，每只 298 元，“海龟”男没付钱就走了。

我本来以为又是一期 loser 相亲的惨案，后来才发现，天啊！这哪里是相亲啊，简直就是抢劫好吗！还好跑得快，不然吃完饭还不知道要整出什么幺蛾子来。

还不了解事情经过的，我们抬头看一下大屏幕。

发帖的是介绍人，相亲女 31 岁，高瘦美女，一个月赚六七千元；男的 29 岁，是楼主的同学，全家很早就移民加州了，在一家银行工作。

男的最近回国，所以介绍人撮合两人一起吃个饭。没想到初次见面，这女的一口气点了 10 只虾刺身，每只 298 元，然后点了一只象拔蚌

1000 多元，两盅燕窝，还有其他一些素菜。

男生委婉地说，点 10 只虾太多了，两只就够了，女生说，这个虾一口一个，两只肯定不够！

点完菜，聊了几句，男的就起身离开了。

这顿饭共计消费 4789 元，相亲女吵着让介绍人帮她去要饭钱，让男的替她分担一半，说自己工资没多少，这些钱她承担不起。

介绍人无奈给了她 2000 元，但是相亲女依旧觉得自己委屈得不行，不依不饶缠着她，让她再给 2000 元。

介绍人找到同学，也就是相亲男。男的说，他本来想花 2000 块请客吃饭的，谁知道女的这么狠，这女的不是典型耍我呢。她耍我，我就耍她啊。

对此，我只想说四个字——干得漂亮！

1.

后来这件事情在网络上闹得沸沸扬扬，很多人都说这女的活该，第一次见面就狮子大开口，不拿自己当外人，真的太恶心了；也有一些朋友觉得这男的做得有点太绝了。

我觉得吧，千错万错，首先是介绍人的错，发帖的楼主也挺奇葩的，你们不觉得吗？左手是自己的同事，右手是自己的幼儿园、小学、初中同学。你在牵线的时候，难道连一个最基本的判断都没有吗？女同事是个什么样的人？性格怎么样？跟男同学是否匹配？什么都没谱儿就乱点鸳鸯，不尴尬才奇怪了呢？

有些人与生俱来就有着一种热情，不知道是不是自己的婚姻太幸福了，想要和你一起分享，看到身边有适龄的就迫不及待给人家牵线，也不管对方长得是人是狗，心灵是美是丑。

其次是这相亲女，真的，第一次见面，就点这一大堆吃的，你是为了显示自己胃口好啊，还是想展示自己的品位高啊。

这是相亲，不是约会，还没确定关系呢，凭什么男的就要被你宰一顿？自己一个月赚六七千块，就想一顿饭吃 5000 块，你咋不上天哪？

自己太贪婪，就别怪人翻脸无情了。

2.

说白了，这女的，其实并没有想和人家处对象。

试问哪个女孩，第一次相亲就会摆出这副嘴脸，好像生下来就没吃过什么好吃的，钱赚得少，口味倒挺刁，想着反正不用自己掏钱，就尝尝那些平时舍不得吃的吧，结果，悲剧了。

想要认真处对象、交朋友的人，在第一次见面的时候，应该都是腼腆且客气的吧，在还搞不清楚对方什么脾气、什么性格，适不适合发展成恋人、结婚对象之前，都应该小心翼翼地探索。

你都不知道自己在对方眼中是个什么样的货色，咋一上来就把自己当公主了？

现在很多女性博主都在说女生要学会独立，要有自信，要这样要那样，才会有安全感，这样的文章大行其道，一度让男生忘了，其实我们男的也很脆弱，我们也需要安全感。

她们都说女生找男朋友，是要找一个可以托付终身的人，但对男生来说，又何尝不是在找一个可以托付终身的老婆呢？

一顿饭就能吃 5000 块，哪怕王思聪也托不住你吧？

3.

相亲，谈恋爱，最怕的是什么，你们知道吗？就是我本将心照明月，无奈明月照沟渠。

对绝大部分男人来说，出去约会、吃饭、看电影、旅行，我们并不在乎花多少钱，我们心甘情愿为自己喜欢的人花钱，怕就怕在，我真心实意为你付出这么多时间和精力，但是不值得！

有很多女生喜欢搞暧昧，喜欢养备胎，喜欢当小公主，喜欢被人捧在手心，她们对自己的条件过于自信，所以把别人的好都当作理所当然。

她总是不冷不热，若即若离，不表态，也不承认关系，别人都觉得她已经有男朋友了，而且看上去有好几个，只有她自己觉得和大家是好朋友。

你想吃醋，但是你没有立场；你想生气，但是对方会指责你不够男人。你以为对方的一举一动都和自己有关，但是永远无从证实。

身边很多朋友都以为你们在一起了，只有你自己知道其实并没有。你以为是两情相悦，原来只是你一意孤行，呵呵。

4.

说到这里，我想起自己一个悲惨的故事。

去年夏天，我通过朋友介绍认识一个女孩，长相 7 分，有点像邱淑贞，是我喜欢的类型，在寻对象这件事情上，我是一个特别肤浅的人，只看长相。

加了微信聊了一段时间发现人也不错，有一天她看我公众号发了广告，就问我能不能请她吃饭，她说西湖边开了一家西餐厅，特别棒！我想都没想，就答应说好呀。她说，那我要吃贵的！然后巴拉巴拉跟我说了一大堆特别热情的话。

我心想一顿饭能贵到哪儿去啊，现在的小江已经今时不同往日了，好吗？！早已经不是那个贴膜 boy 了，再贵我也能吃得起。于是当天晚上我就把头发梳成大人模样，穿上一身帅气西装赴约了。

对方点了一只澳大利亚龙虾，两枚比我拳头还大的海参，一条我叫不出名字的深海鱼，还有其他一些七七八八。

不过我也没有什么怕的，我觉得 OK 啊，只要对方喜欢吃就行了，反正聊得也很开心。结果没过几天，我们共同认识的一个朋友问我，是不是跟她在一起了，我还有点羞涩，心里想着咬咬牙应该很快就可以拿下了，嘴上却满不在乎地说没有。

他说，那就没事了，刚刚他在朋友圈看到，另外一个哥们儿和她在吃烛光晚餐，还送花什么的，没跟她在一起他就放心了。

我当时，真的，满脸黑人问号，怀疑自己是不是刚从一场昏迷中醒过来，之前的一切，是不是自己意淫出来的？

5.

之前知乎上有个热门帖子，说为什么现在的男生都不追女生了？

我觉得不是不追了，而是这个时代对男生来说真的太残酷了，所有的压力都扛在肩上，而很多女生仗着对方喜欢自己，又傲娇到不行，男生觉得累了，发现一个人也挺好。

“我的手都是一直这么伸着，太久了，你都没有放上来，我觉得很累，手好酸，所以就缩回来了。”

真的不是我吃不起一顿 5000 块的大餐，而是我觉得和我一起吃的你并不配。有这时间和精力，我还不如在家多玩几盘《王者荣耀》实在呢。

就像他们说的——如果生命不能浪费到值得的人身上，那么我宁愿浪费到自己身上。

骂人要走心

看书能提高骂人的质量。

知乎上有个提问，阅读对人的影响有多大?

有两个回复特别搞笑，张文茜说，我有一百种方法来反驳你，但我只是微微一笑；另一个朋友说，起码慢慢地就可以不带脏字骂人了。

我就想起来，在我做公众号最初的一段时间，每个月都会定时定期买一大堆网络博主出的书，有的来自微博，有的来自豆瓣、知乎，他们有一个统一的特点：逗X、犀利、刻薄而又不失风趣。我买这些书，并不是说要增长什么人生阅历，而是——向他们学习如何对付我这边难搞的读者。

如果你做过公众号，就会知道这个世界千奇百怪，什么样的读者都有，无论你写什么观点的文章，都会有人跳出来持相反的意见来博关注。

起初我在我的后台设置了非常多的关键词自动回复，只要用户输入骂我的话，系统就会自动发送“傻……”；你若输入“取关”，就会收到“取关还要报备，显得你一点也不果断呀，要不要给你开个欢送会”。

后来，我渐渐有点烦了，于是把攻击用户统统拉进了黑名单。

前段时间，我闲得没事，打开黑名单一看，好家伙，都快有四位数了。其实早就已经忘记，当时为什么会把这些人拉入黑名单，现在看到这些头像，有的可爱，有的活泼，有的靓丽，有的帅气，还有些人给自己配了诗一样的简介。

所以你就应该猜到了，看书对于我的骂人水平的确有非常大的提升，用四个字形容：卓有成效！

好了，我们现在正儿八经来谈谈阅读对人的影响。

1.

以前经常收到读者的来信，有的说，自己也挺喜欢看书的，看了几百本，但是为什么读书的价值没有在生活中体现出来，看得越多，反而觉得与世界格格不入？

也有的说，现在真是越来越没有耐心看书了，看到长段落的文字，就失去了耐心。以至于前几天我推送完文章，好几个读者给我留言说，社长，你要知道我可是一个从来不读书的 girl 啊，都买了你的书。

我就一下子不知道该说什么好了。

很多人都把读书当作一项任务来完成，看起来很痛苦，也有一部分人看到身边的书呆子朋友，穷困落魄样，觉得读书在这个时代貌似已经是一件羞于启齿的事情，反正也换不来车子、房子和票子。

那么多看点书，除了在骂人这件小事上可以展现得更有水平之外，意义又在哪里呢？

2.

我有些同学，家里在浙江老家开工厂的特别多，很多都是富二代，上学上到一半的时候，就跑去帮家里干活，继承产业去了。

他们开豪车，从宝马、奔驰到保时捷，多得不计其数；他们在市区买了很多房，有公寓，有普通住宅，还有别墅；他们每天的生活，睡到自然醒，然后下午工厂里转一转，晚上邀另一些人打牌、打麻将，或者去KTV……

按照世俗的标准来说，也许这样的才叫成功人士，因为他们的生活什么也不缺，不必为生计烦恼，也不用关心这个世界会好吗？生活的意义到底在哪里？宇宙那边有没有尽头？

但是，假如，世间所有的标准都用金钱来衡量，那么，那些一出生就比别人条件差的人，是不是都没有什么机会了？不是这样的。

3.

之前写过一篇文章——《除非你改变阅读的书和交往的人，否则你五年之后和现在一模一样》。

在那篇文章里，我提到我之前的一个好朋友。有很长一段时间，我都觉得读书这件事情没什么意思，现在这个社会，几乎所有的人都特别赶时间，忙着毕业，忙着工作，忙着早日实现财富自由。

但是只有他，好像真的把看书当成一种乐趣，而不是任务。在我的印象中，他没有一刻停下来过，到每一座城市旅行，最喜欢逛的永远是当地的图书馆，朋友圈时常更新的状态绝大多数与书相关。

他曾告诉我，**多读书，可能不会一下子让你变得更有钱，但是在两个层面上会影响你的生活：第一个是格局和眼界，第二个是创造更多的可能性。**

当你遇见那些穷得只剩下钱、行为举止都很粗俗的人，你就会发现跟读书多的人交朋友是一件多么值得庆幸的事。

4.

这句话我深以为然，毕竟这世间还有太多无法用金钱来衡量的东西。

拿交朋友这件事情来说，虽然我一直自嘲自己人到中年，日子很苦，但是跟朋友在交际这方面很少会觉得自卑。

以前出去跟朋友聚会，别人都是开着好车，带着漂亮妹纸来了，我一般就坐公交或者打车。但是我觉得大部分时候，我的成就感来自我自认为会写几个文字，然后靠这个支撑自己的生活。所以我有勇气抵御世俗的一部分压力。

之前有某博主说看书是治疗自卑的方式，我觉得有一定道理，有些事情就是跟金钱没有半毛钱关系。

德国作家赫尔曼·黑塞说过一句话："世界上任何书籍都不能带给你好运，但是它们能让你悄悄成为你自己。"

5.

这个世界从来不怕那些有真金白银的战士，最怕的就是那些装腔作势的小兵。

有些人靠转发减肥贴上来减肥，有些人靠MARK（标记）十大必去景点来增加自己的阅历，还有更多人，在微博和朋友圈转发无数励志鸡汤、深度好文，但是转完的一瞬间就感觉自己已经看过，仿佛目标已经达到。

我想说，无论如何，不管你活得富裕或者落魄、迷茫或者洒脱，至少在我看来，看书这件小事仍然是你提升自我成本最低的一种方式，用一天的饭钱，一包烟的价格，就可以买到别人几个月、几年，甚至一辈子的心血，这个交易，怎么算都不会亏。

你们说呢？

我是如何
赚到第一个 10 万块的

分享一下我的致富经。

贫困如我，是怎么在这个物价飞涨、房价上天的时代存活下来的，虽然没赚到什么钱，但是这么多年，依然那么快乐！

之所以会想写这篇文章，是因为曾看你们最爱的和菜头在“槽边往事”上写了一篇《我是怎样赚到人生中第一个 100 万的》，很多朋友看完之后，顺着网线过来问我，要我也分享一下自己的致富经。

真的是其心可诛啊，朋友们！

我要是能赚那么多钱，还整天跟你们讲这些有的没的干吗？！要知道，我可是一个把所有零钱都放在余额宝的男孩。

不过你不必为我难过，因为我知道你也很穷，日子过得紧巴巴，每天都在为生活发愁。你敢说你很有钱试试？

那么，现在就欢迎我的各位亲生朋友，来到今天的人生奥义小课堂，看看我是怎样赚到人生中的第一个 10 万块的。

虽然在这个土豪遍地的时代，10 万元并不是一个庞大的数字，但是对很多人来说，它更像是一道门槛，或者说一个标志。当你第一次发现银行卡上的数字达到六位数，再傲娇的人，都会嘴角泛起微笑吧。

1. 实习工资 2300 元

熟悉我的朋友应该都知道，我的第一份工作在外企。

那时外企在国内的发展还是挺不错的，各种福利待遇都非常正规，正规到什么程度？正规到我当时还是实习生，不仅有加班费，而且加班费都是按小时计算的。

实习工资是 100 元一天，我每周去公司 3 ~ 4 天。第一个月我的实习工资是 2300 元，那是 2008 年，我大学毕业的前一年。2009 年毕业之后，入职公司，一个月薪水 3000 多元。

那时这家公司是不招应届毕业生的，2008 年金融危机，很多公司尤其是跨国企业都在裁员。我记得在临近毕业的前夕，公司把所有的实习生都遣散走了，我的主管问我，有没有去找新的工作机会。我很坚定地告诉他并没有。虽然明知道公司有规定，但是我仍然希望自己能够留下来。

为此我做了哪些努力？

每天6点起床，7点钟第一个到公司，无论刮风还是下雨，那时我住在香山，每天要坐一个小时的公交车，北京冬天的公交车座冷得屁股根本就坐不下，我差不多坚持了一年。工作上，主管派给我的任务，能做到100分的，坚持做到120分，不敢有一刻怠慢。

后来因为HR以为我已经离职，有一段时间没有给我发工资，我撑到第二个月就撑不下去了，于是发邮件给领导，总监从自己的卡上转了5000块给我。

这个故事告诉我们，**虽然每个公司都有自己的规则，但是只要你能从公司和老板的角度想一想，他们需要什么样的员工，你就有可能打破规则，为自己赢得更好的机会。**

2. 欢迎来到月薪过万元阶层

只要你挑对了行业，工资上涨是很快的。

就拿我来说吧，这个boy工作了5年，从月薪3000元涨到了1万元。哈哈哈哈哈哈哈哈，打下这行字的时候，我自己都笑了。

我在第一次月薪拿到1万块的时候，感觉自己特别有钱，但是很快就发现整个世界都是月薪过万元的人。就算一年不吃不喝，也只能买得起公司对面华清嘉园的一平方米，当时华清嘉园超10万元一平方米。

更别说每个月房租、吃饭、交通、必要的社交……穷困如我，当时连坐地铁都觉得好贵，要2块钱，坐公交只要4毛、学生卡2毛。

我工作了5年，存款还不到10万块。我把所有钱都放在了余额宝，每个月的收益用来缴水电费、手机费、交通费。

后来因为在行业久了，也认识了一些朋友，想要来挖我，问我目前的待遇，说可以给到double（双倍）的工资，问我去不去，我拒绝了，因为在北京的生存压力实在太大了，只要一想到未来，我的脑子就会轰一下炸掉。

我想回家。

这个故事告诉我们，在一家公司待得太久，如果遇到瓶颈，没有上升通道，那么工资待遇也很难再涨了，这时你就要想办法通过跳槽，或者在其他地方找到出路。

就像网上的段子说的，你做的工作，但凡还有点希望，努力了这么久，也应该有点成功的迹象了。

3. 跳槽，跳槽

回杭州之后，我先后去过一家代办移民的公司，还跟着朋友一起创了3个月的业，最终决定去A厂，当时A厂正处于上市前夕，国内外媒体都在报道，正处于风口。

我去这家公司，并没有什么冠冕堂皇的理由，为了实现自己的价值、为了梦想什么的，原因很简单，工资高，是之前的两倍。

在 A 厂工作还有一点好处，就是根本没有时间花钱，平时忙成狗一样，吃饭打车什么的基本不用自己花钱，公司有各种补助。到了周末，基本就在家里躺尸，无心出去交际。

在这样的情况下，工作了没多久，我就发现自己的余额宝上超过了 10 万块，因为我当时的工资卡是和余额宝绑定的，每个月的工资都会定时转过去。

这个故事告诉我们：跳槽是涨工资很快的一种方式。前提是，一是你有资本，二是你跳的公司比之前的牛。

很多人说，工作嘛，钱多钱少无所谓的，只要开心快乐就好了。请问钱少怎么快乐?

以上三点就是我赚到第一个 10 万块的大致经历，说完这个心路历程，再跟大家分享一下我对钱的看法。

(1) 最好的投资对象，是你自己。

包括你的智力、见识、能力和身体健康。

你只要把自己的事情做好，做到极致，被他人需要，就会产生一定的价值，总是想着通过投机取巧、经营人脉的方式来发财致富，是痴人说梦。

所谓人脉，是两个有能力的人，互相有利用价值。只有把自己变得更好更强，才会拥有更多的资源、朋友和机会。

（2）钱只是工具，赚钱只是手段。

赚钱不是终极目标，它能帮助你过上自己想要的生活。

先追求自己的生活，然后找到养活自己的方式，这是大多数所谓“成功者”的路。

李笑来曾说，所谓的财富自由，并不是钱多到你想怎样就怎样，而是你不需要为了金钱出卖自己的时间。

（3）每个人都需要有理财意识。

很多人可能会以为理财是有钱人想的事情，loser 就老老实实去工作，把心思全部放在赚钱上。这种观念其实就是地道的穷人思维。

敲黑板！画重点——无论你一个月赚 3000 元、8000 元、10000 元，还是多少，你都需要有理财的意识。

理财并不是说让你不花钱，抠门，一味地省钱。有些该花的钱不能省，比如投资自己，还有一些钱，是可以钱生钱的。

爱因斯坦曾说：复利是宇宙间最强大的力量。所以滴水成河，聚沙成塔就是这个道理。只要懂得运用复利，小钱袋照样能变成大金库。

PART 6
小确丧

你被生活暴击过吗？

如果有，不必感谢痛苦，

但请勇敢面对，

因为除此之外，你别无选择。

也请相信，

这个世界上还有许多和你一样

遭遇不幸的人，而他们，

正在悄悄学着度过去。

Day 2017.10.3

今天是先生离开人世的第 54 天，大宝、二宝跟我说想爸爸了，懵懂无知的三宝 18 个月，只会叫“爸爸”，其他什么都不会叫。34 岁的先生留给我 3 个孩子、2 个老人、2 个证……刮风下雨的时候想他，蓝天白云的时候想他！

Day 2017.6.4

从小被拐卖，5 岁的时候被人口贩子猥亵，大概是那个时候吧，记不太清，毕竟也不是什么美好的记忆。

5 岁后被现在的父母成功地用 3000 多元买走，当然，除了不能和同龄人一样和父母建立沟通以外，其他都很好。

然后 18 周岁未满的时候呢，被同学在喝的东西里下药带去夺走了第一次。当然，这也不是很好的记忆，说到这里，也许我的人生好像是有那么点惨。

但是其实也不完全是，我养父母对我很好，应该是非常好，很宠爱。至于第一次，对，我就是电视剧上放的那种，年幼无知，不敢告诉学校、父母。

26 岁的我，时常心里是会想起这些不美好的，但是所幸我已经不会自残了。毕竟我没有死去的勇气，那就唯有好好生活的资格了。

不过，我没有性格扭曲，我没有什么怪脾气、不一样的嗜好。所幸我还是自己成长得很好，很健康。

起码表面上看起来，我是。

Day
2017.5.1

今天收到了人生中的第一束花，是康乃馨。寄件人不知道是谁，卡片上写着“花儿的祝福，身体好起来”。大概是看了我的推送，知道我最近得了痛风。一直觉得自己仍是个孩子，可是身体似乎一直在提醒我说，其实你已经不年轻了。

有时候搞不清楚，自己为何能得到这些人的喜爱与关心，互不相识，萍水相逢。几天没有更新文章，会跑到后台问我怎么了。有的人会絮絮叨叨，说情绪上来了，就会跑来看看。

更多时候，我觉得自己其实一无是处。开春的时候，去看了一次心理医生，怎么也打不起精神来，仿佛失去了取悦自己的能力，最大的痛苦应该是面对自己的无能，束手无策。

外面下雨了，谢谢你，陌生人，晚安。

Day 2016.3.27

为了她爱了 6 年的男人，她离开了自己家人和朋友所在的城市，和他一起在这个小城市结婚，打拼，买了房，装修基本完成，陆续进家具，北欧风……

就在昨天凌晨知道了他出轨，看到了聊天内容，一字一眼的情话。他每周骗我的出差都是去和她相会缠绵……他在信息里给那个女生描绘了他们美好的未来，结婚生子……

然后又得知他把房子抵押了……去赌博……在这两件事之前他一直都是个好男人……正常的人，爱我的人。可我不明白为什么会这样……明明我们的小生活才刚要开始。

Day 2016.3.2

13 岁时爸爸肝癌病逝，妈妈把我扔在老家去了北京。

我和爷爷奶奶一起生活，没过两年奶奶也跟着走了。奶奶走后，爷爷找了一个女朋友。后奶奶要撵我走，我和这个女人斗智斗勇！终于我成功地留在家里，一直到我 18 岁！

这 6 年遭受过各种心碎，别人的讽刺、诋毁、斗争，等等！后来的我练就了金刚不坏之身。再后来终于大学毕业，逃离了那个充满伤心的城市，来到了北京开始奋斗。

终于到现在我可以安身立命，在北京有了自己的家。我慢慢地发现曾经所有的伤痛原来就是为了成全如今的我。

Day 2016.3.10

社长你好，我是和菜头荐号那天关注你的，喜欢你的表达方式。我不知道怎么发表小确丧，就这么发给你吧，也不知道你忙得看得到看不到。

3 年前我 17 岁，妈妈查出肺癌晚期，去年我居然有了轻度抑郁。不知道为什么会这样沮丧，唯有逃避能让人感到心安。现在我快大专毕业了，情侣分手，朋友反目，我并不觉得心痛，就是有点不甘心。没有撕心裂肺，也没有辗转反侧。

下半年就能去接本的学校上课了，我虽然做得比周遭要好，失去的却也不少。有点遗憾也好，彷徨就是这种感觉吧。

Day 2017.3.7

社长，今天我跟相处 4 年的对象分手了。这 4 年来，身边其实一直不乏追求我的人，漂亮的有，聪明的有。我放弃了自己的骄傲跟她在一起，但是现在我累了，不想再单方面地无止境地付出了。

离开之后还是想跟她说一句：跟你在一起的那几年，我没有羡慕过任何人。从此山高水长，祝你幸福。

Day

2017.2.18

去年我重度抑郁症期间，失眠很久，眼白都发黄了，我爸爸妈妈始终没有一次通顺地念过“抑郁症”这三个字，我妈觉得只要我结婚就会好，于是逼我去相亲。当时绝望至极，和对方男孩子坦白了说：我最近被诊断为重度抑郁症，不想骗你。然后没多久，媒婆就跑到我家对我妈说：你家闺女咋回事？说自己有精神病。然后，爸妈大概用了这辈子最恶毒的语言把我骂了两个小时。而我只有冷漠，不愤怒，不说话。

Day

2016.12.18

我刚刚从外面回来，眼角还有泪痕。为了爸爸下周去医院复查的费用，找工头要钱。工头爱答不理的难堪。我安慰完爸爸，自己心里却全是害怕，还有无助，还有对生活的一点点绝望。爸爸三个月前从工地上摔下来，治疗费工头都没给全。等爸爸复查回来，还得再找工头要赔款。我都有些累了，又必须为了爸爸去奔走。所以我不能放弃对不对？

Day 2017.12.13

阿爸在夏天时确诊了肝癌，上个月底突然一下子病灶爆炸，这一个星期好像在看倒计时一样。每天都在排练告别。一切人情世故在这几天原地爆炸，我想大家真的好喜欢把悲剧当喜剧来演。

12 月 14 日 下午 16:00 续

社长，小确丧麻烦帮我加一段话。阿爸已经走了，在我留言过后的半天。救护车一路颠簸，我一直握着他的手，直到渐渐变冷。窗外是荒野、彩旗，还有满月。到现在还有种不真切的做梦感觉，好像过会儿他就会打电话来问我回不回家吃饭。年初过年的时候他还是又懒又强壮，当时想拍十几年没拍过的全家福，结果被无聊琐事耽搁没拍成，家人不在意地说明年拍呗。但是那时候脑子里有种特别强烈的声音说可能永远拍不成了。其实哪里想过生活真的如此恶趣味。

Day 2017.10.17

希望有一天我可以说服父母，找到彼此相爱的男朋友，跟他去合法的国家领证、代孕小孩，“从此过上了幸福快乐的生活”。像童话那样。

Day

2017.10.16

有时真的很绝望，就像现在一样！一个人带着自闭症孩子在广州，孩子不懂事，有时气到很想一巴掌扇他！带着去逛街，他就在店里跳来跳去，对他讲根本不听！离开叫他走，像没听到一样不走，跟他讲不可以这样、不可以那样，基本都不听，大声对他讲，他比我还要大声跟我吵。在家里只要是我没空陪着时就自言自语，玩什么都和别人不一样，教来教去只进步一点点……

一辈子很长，却不忍也不能提前结束，这样的绝望，不是自闭症儿童的父母之人根本体会不到！也无从倾诉，不知道能怎么放松自己，不管怎么做，这样的人生对我是个悲剧……

Day 2016.10.2

社长，你好。关注你的公众号有段时间了，今天，想借这树洞讲讲我的故事。

我，32 岁，有一个快 2 岁的儿子。小伙子长得很像他爸爸，笑起来眼睛完全眯成两条线，虽然，他几乎不会对他的爸爸有任何印象，但血缘就摆在那里。

我和我先生是研究生同学，像小说里的某些狗血情节一样，开始厌恶得有多厉害，后来爱得就有多深。了解之前对他避之又避，但后来，他的阳光乐观对于我这种天性悲观的人有着致命的吸引力，即使被朋友说成冲动、不理智，但我还是很快决定和他在一起。研究生 3 年，我觉得我们周围有个幸福的圈圈，是真的会像太阳发光一样温暖的圈圈。我仍然记得，他牵着我，说让我闭着眼走。我说我从来不闭眼让人牵着，那种完完全全把自己交出去的感觉太可怕。他说，不用怕，我会牵着你，任何事情我都会在你身边提醒你。后来，我真的可以闭眼把自己交给他了，他却不在了。

2009 年毕业，我们在不同的城市，相距 100 多公里。因为他工作忙，所以常常是我周五下班坐大巴去到他的城市。每次重聚，隔着好远的距离，都会给对方一个会心的微笑。刚毕业，没什么钱，两人就一块儿去超市买平时舍不得买的水果和零食，逛逛商场，看看电影，唱唱 K，好开心好纯粹的一段日子。

2010 年买房，2011 年装修加结婚，日子按部就班，装修、蜜月的计划我一人搞定，他总是在忙工作，难免牢骚，生活和工作让我们不再像学生时代那样单纯，但至少心还是在一起的。2012 年结婚纪念日，他对我说：我决定了，我要来你的城市。我高兴坏了，虽然心里一直想着要在一座城市，但即使结婚了也不可能绑架一个男人的未来，所以，从未要求过他。

2012 年年末，我们终于可以每天见面，感觉特别满足。2014 年 10 月，我们的儿子出生了，欣喜未曾过去，2015 年 4 月，他因为腰痛难耐去医院检查，竟已是肺癌晚期，并已出现骨转移。短短两个月，他就永远离开了我。

那两个月，我陪在他身边，把儿子交给我父母照顾。他几乎不愿意我离开一步，他和我说，我在他才会安心。他曾经是那么骄傲的一个人，但是，最后……

社长，想必你听过“笑得像哭一样”这种说法吧，原来我总觉得这种形容是夸大了，但是，我现在相信了，因为我见过。

他走了以后的半年，我每天都哭，一个人的时候我就偷偷哭，哭到后来眼睛都有些看不清；我写微博，把想说的话都写下来，写完了哭完了，就去睡觉。那半年，我接了很多兼职，把业余时间安排得满满的，只有把时间填满，才不会那么悲伤。

2015 年年底，我和朋友去了趟柬埔寨，回国的飞机上，我哭得很大声，前面座位的人都扭头过来看。也就是从那次开始，我几乎不再哭，就像接受了他离开一样，我知道哭只能是哭，不可能改变任何事情。生活不需要太多情绪，我就像一个旁观者一样看着自己每天在“装”，可能很多人以为我迈过这道坎了，每天该笑就笑，该八卦就八卦，一如往常，但其实我早已经没有灵魂了，像个空壳一样，机械地做着自己该做的事。

我依然为他的手机充值，却几乎不再吃我们曾经超爱的榴莲；我说服自己去打他曾经教我的羽毛球，却不愿再去我们周末经常去踩单车的水库绿岛。生活对于我，不再是彩色的，只有需不需要。

唯一在意的是，希望能好好带大我们的儿子，给他尽可能好的生活。物质条件我可以拼尽全力，但是家庭的完整性，我不知道该怎么办。他现在还小，还不知道什么是爸爸，也不会叫爸爸，但是等他大点以后呢？我多想能让他有个爸爸，有个完整的家，但是落到实处，我能不能克服自己的心理障碍？这也是个问题。

谢谢你听我的故事。

结婚3年没有孩子，两地分居，工作压力大，没前途却又不敢放弃，因为经济压力和害怕辞职后更大的心理压力。现在只要一听到谁谁怀孕的消息就会恍惚，被负面情绪包围。4年前眼睁睁看着父亲跌入抑郁深渊再也没有出来。现在看着自己一点一点崩溃，昨天又因为一点小事在办公室歇斯底里了。这是我第一次在公共场合发作。但这一年加起来已经发作三次了，害怕自己变成一个疯子。

Day

2016.9.12

我很想他。我们的相遇就像电影里的情节，我抬头看见他便钟情。之后我制造了很多与他偶遇的机会。有一天他知道我喜欢他，他告诉我他也喜欢我。我以为这是世界上最幸福的事了，原来不是的。后来他告诉我他只是太寂寞太无聊了。

尽管如此我还是喜欢他，想以后跟着他一起生活，一起坐地铁回家，他做饭我洗碗。他说我只是喜欢他没有爱他，离开他应该很轻松。其实我爱他，爱得都离开了圈子，爱得都改变了未来的生活规划。甚至想过牵着他的手回家。我爱他但他注定只是孙燕姿歌词里面“最美丽的意外”，他不爱我。

他不知道也不关心，但总有人会懂。

Day

2016.9.9

哈喽，朋友，我是半夜睡不着觉，觉得被最亲密的人冷漠对待的人，心中烦闷。

听着身边的鼾声，觉得他貌似睡得不错，可就在五分钟前我还声泪俱下地说着他对我的种种不公平，没有夫妻间应有的互相关心、安慰、交流，哪怕是一顿二人世界的午餐也好，哪怕是同行一段30分钟的路程聊聊某个无关痛痒的话题也好，可是都没有。这让我恐惧，我害怕没有共同语言，我害怕他有一个聊多久都有聊不完的话题的红颜知己，我知道我只是太在乎，没有自信了。

曾经像侦探一样发现了他的小秘密，是一个认识半年的小姑娘，出现在了他 QQ 的小号里，他们的签名分别为“深情不及久伴”“厚爱需要多言”，聊天记录里有“有没有想我”“为什么不想我”暧昧的聊天内容，我憋不住，他说是没事儿闲聊扯淡的，根本什么事情都不会发生，更没有做过对不起我的事情，而我觉得，这思想上的撩拨，难道不是对不起我了吗？

对于他的过往，我终究不能释怀，我没有安全感，男人上班很累，到家玩手机到半夜两点多这算正常吗？我没有再像侦探一样检查，也好奇，但是觉得有了上次的经验，即使有问题，也应该不会再有蛛丝马迹，因为他不是一个愚蠢的人。

今天说过的仅有的几个话题中，谈到了以前的一个女同事，现在是合作关系，今天他们见了一面，和我说那个女同事脖子以下的身材尤其完美，今天穿了一条白色的裙子，几乎透明，他还好心地提醒她了。不知道为什么，我心里特别难受，透明的裙子和完美的身材，呵呵，你看到了、想到了什么，我就是这么敏感的一个人。

觉得自己像得了精神病一样不可理喻，也觉得这婚姻被我经营得太过于小心翼翼，朋友，我们的婚姻马上就 5 年了，有个即将满一周岁的可爱女儿，让我难以抉择！心里越发地难过，和你说说而已。

亲爱的社长，我不信主，不信佛，但我相信做好事的人命运不会差。

Day 2017.8.23

我家是个单亲家庭，我从 10 岁起就和父亲相依为命，今年寒假最后一天，父亲突发脑溢血。命保住了，但是半边瘫痪且痴呆，已经不认识人了。我在学校上学的时候，很少会想起这件事，大部分时间还是和以前一样生活。可有的时候又会突然很强烈地意识到，在这个世界上，我只剩自己一个人了，虽然我还有朋友和其他亲人，可我就是很确定地知道，我是一个人了。

Day 2017.8.22

个人，坐标旧金山，压力好大，深夜想家，想爸妈，找他们视频。妈妈说今年家乡夏天好热，爸爸向来怕热，受不了了，她想给爸爸买空调。爸爸舍不得钱，妈妈开玩笑说媳妇和孙子将来回来住没有空调怎么行，爸爸傻笑着，立刻说好，动身去买空调。他们不知道我不喜欢女生，不会有媳妇，他们可能也不会有孙子。匆匆挂掉了视频，泪水决堤。

Day
2016.8.21

2013 年 8 月 21 日，20 岁的程浩在边城的小城猝然长逝。程浩因在知乎上针对“你觉得自己牛在哪儿？为什么会这样觉得？”问题的发言，被大家所熟知。

摘录部分文字：

我自 1993 年出生后便没有下地走过路，医生曾断定我活不过 5 岁。

小时候，我忍受着身体的痛苦。长大后，我体会过内心的煎熬。有时候，我也忍不住想问：“为什么上帝要选择我来承受这一切呢？”可是没有人能够给予我一个回答。我只能说，不幸和幸运一样，都需要有人去承担。

命运嘛，休论公道！

也许我们无法明白“活着”的意义，但是我们已经为“活着”付出了太多代价；也许我们无法实现自己的梦想，但是我们已经为梦想流下了太多泪水。我们能做的，仅仅是在这条路上走得更远，绝不能回头。

天堂未必在前方，但地狱一定在身后。

Day 2016.8.20

婚姻都是多余的，去爱就好。

Day 2016.8.17

10 分钟前，得知我的小学同桌得了白血病正在住院化疗的消息，目前正在筹款，需要骨髓移植。一直以来都觉得这种病离自己特别遥远，当一切发生在自己朋友身上的时候才发现原来世界上真的有这么厉害的病，可以把年轻的身体变得柔弱无力。小时候扭打在教室门口的情景仿佛就在昨天，希望他能早日康复！

Day 2016.8.16

社长大大，我要暂时地丢下你了，要专心考研了，不然看见你的小红点就忍不住点进来。我会好好加油，争取 2017 年 1 月就把你宠回来，爱你哦，祝福我一次成功吧。

Day 2016.8.12

分手已经 9 个月，比起我们一起走过的 9 年，这几个月像是一闪而过。偶然发现她也删光了跟我有关的朋友圈，心里还是很难过，就像我删了 7000 多条微博，并没有让自己有一丝好过。我文了身，换了住址，换了工作的部门，然而却仍无法在心里换掉她。越来越觉得孤独终老是有可能的，因为要在百分之一的人口里再遇见，是个多么小概率的事件。可惜我是女生。

Day
2016.8.10

社长，你好，我是一个抑郁症患者，10年，我都活在阴影之中，我不知道怎么表达我的感受，在病严重的时候，没有人理解我，甚至最亲的父母。健身让我多活了几年，也是唯一能让我坚持着的东西。前途说不上迷茫，却也不清晰。抑郁症让我远离了很多友情，孤独让我觉得安全，我没有爱情，甚至我觉得我也没有亲情，每天挂着面具，回到家便如一个没有情绪的躯壳，一件小事在我看来都变得那么困难，我也不知道我能熬多久，我只能继续假装着我过得很好……

Day
2016.8.11

我不知道这张照片是不是漂亮，但是我第一眼乃至现在心里的每一个角落，都是她留下的身影。暗恋是一件痛苦的事，告诉她不喜欢她而又每夜为她睡不着，听得窗外一片蛙鸣。东丽湖畔，欢乐谷旁，与君倾心，杉木相忘。

Day
2016.8.9

社长，突然给你写信，自己都感到有点意外，其实并没有什么特别的事情发生，可能最特别的就是今天是七夕吧，看着身边的朋友恋爱收花朋友圈晒恩爱。

其实我也不知道自己有没有羡慕或嫉妒，其实我并不想恋爱，甚至打定主意不结婚了，一个人也可以过得很开心啊，但此刻还是感到有一点难过，因为昨夜的争吵哭泣声还遗留在耳旁，提醒我还在痛苦的深渊。

啊！忘了说我的家庭并不是很和睦，父亲出轨，家里三天一小吵，五天一大吵，有时候想为什么不干脆离婚！而我？26 岁的我出来工作 3 年了，能力平平，并没有能离开父母的羽翼，暂时还住在家里，每月给家里 1000 块伙食费，也没有勇气和足够的金钱搬出去住。

大人的事觉得很无力，很厌倦，很想摆脱这样的生活，但不知道自己能逃到哪里去，这样的事情每天光是想想就觉得喘不过气来，未来到底在哪里？！

我能喝下最烈的酒
也能熬过没有你的深秋

Day

2016.8.6

去年的 8 月 6 号，我们怀揣梦想搬入这间办公室，一年一轮回，今年的 8 月 6 号，我们失败了，收拾东西打包滚出这里。是的，我们搞砸了，把自己的梦想搞砸了。最近最贴近我们的话就是：你配不上你的野心，也对不起你所受过的痛苦，就是这么丧！

Day

2016.8.5

我终于来到了日本，来到了你曾生活的国度。走一走你踏过的路、乘过的地铁、看过的景色，然而你却早已不在，不在这里，不在这个城市，也不在我的生命里。

Day

2016.7.30

磕磕绊绊和身边这个男人做了 10 年夫妻。有时候，也会反省自己会不会不够温柔、不够宽容体谅，但几乎每次我这么想的时候总会发现些什么……第一次的时候，发现他加了一个色情俱乐部的群，看到了聊天记录，轻佻地询问小姐的三围、年龄之类。我当他的面哭了，他表示只是随便问问玩儿的，根本没有发生什么实质性的事件，并保证全部删除了。

第二次深夜哄完孩子睡觉，他还没有进卧室。这一天的氛围都是很温馨的，我还担心他是不是在外面不小心睡着了，穿着单衣从被窝里钻出来到外面找他，想要叫他上床睡觉。结果发现人不见了……回来的时候满脸通红，眼球充血。

他是个不擅长编谎话的人，说是吃了伟哥“因为太热”出去“兜风”了。我受过高等教育，不想自夸，但的确属于同龄人中比较聪明世故的那种。听到这些奇葩的谎言，比他实际做的还要让我难堪。

不想完全说是因为孩子，也可能只是我本来就很怕麻烦，冷战过去了。

其间他还信誓旦旦跟我说自己已经拒绝了好几个勾搭的微信群。我觉得这些对于一个身负丈夫之名的男人，没什么好值得夸耀的。

但是最近一次关于他要约陌生人去打球的争执后，我突然抽风了想到要去看他手机。发现了更多的不堪照片和聊天……时间都是在我每天睡觉以后。是的，我这位老公几乎每天都不是和我一起上床睡觉的，他说他要忙工作的事情。

我躲在房间里默默地拍下来，觉得自己手机都脏了。我把门锁了，手脚冰冷，完全不知道应该怎么继续面对他。整个脑袋是蒙的。

一个告诉谁都不会带来治愈只会造成更大伤害的秘密，就像一个沉重的强酸球砸在心底。

Day 2016.7.28

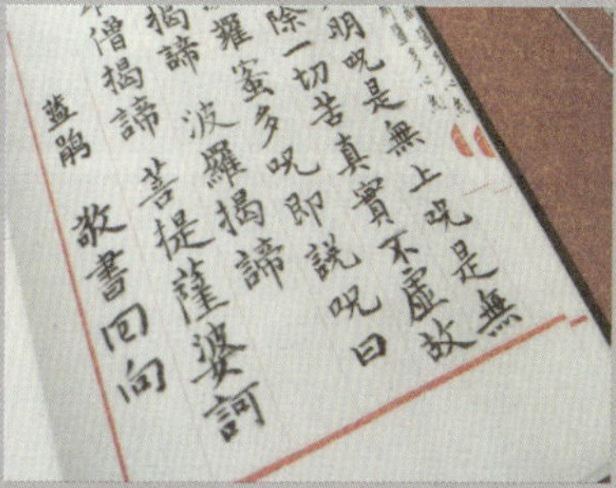

有个关系挺好的朋友有天微信我，发了张正在打针的照片，说她得了癌症，已经手术，且有扩散。那一刻真是震惊得无以复加，我们大约一个月前才聚会过，知道后心情很沮丧，也不知道怎么安慰她，也帮不上什么忙。抄了篇经，为她祈福。瞬间就明白为什么有人突然就有了信仰。

Day 2016.7.24

和前男友分手 40 天了，看着他在社交软件上分享自己练的字。本以为随着时间的流逝，对他的感情会越来越淡，事实却是越来越想他。看到发洪水的消息，就想知道他有没有上前线，有没有受苦。我知道他没有关注社长的公众号，只是想单纯地说出来，或许说出来以后，就会不那么想他吧。

Day 2016.7.19

社长，你好，其实这是一个不情之请。

我是一个在广州工作的广州人，我叫 Anson，今天早上上班坐公交的时候，旁边坐了一位美丽的女孩，但是我太㞞，不敢搭讪，可是我窥屏了 ^_^，你猜她在看谁的公众号，对，就是“社长从来不假装”！所以我就马上关注您了，寻找是否有结识到她的可能。下面让我描述下她吧：中短到肩棕色头发、戴黑框眼镜、拿着一个带有八哥犬头像的黑色手袋；坐的 245 路公交，在石牌村站下的，当时公交空调还坏了。

如果社长能帮到我，同时这位女孩也愿意和我做个朋友的话，就加我的微信吧，我的微信是：Anson_Kong_

Day

2016.7.17

今天是父亲离开的 7 年整，高中毕业、大学毕业、考研读研、出国工作，以及其间的恋爱分手，他都不会知道了，不会拉着我的小手说，丫头，你真棒。也不会生气地瞪着我说，那种男孩子不值得。伤疤都好了，想到你也不会哭了，可以静静点一盏蜡烛，闻着它的茉莉清香，就是这样的小确丧，弥漫在空气里。

Day

2016.6.24

写了 3 年多公众号了，前后读者加起来有几十万。每次装作群发的样子，其实只想发给你一个人，但或许你从来就没有看过吧?

Day 2016.6.23

他说结婚了吗，他说最近好吗，他说只是以朋友的名义关心，他说他已经有女朋友了。分手3年多，其实我知道他有女朋友了，但是听他说的那瞬间，眼角的泪珠悄悄滑落。

Day 2016.6.22

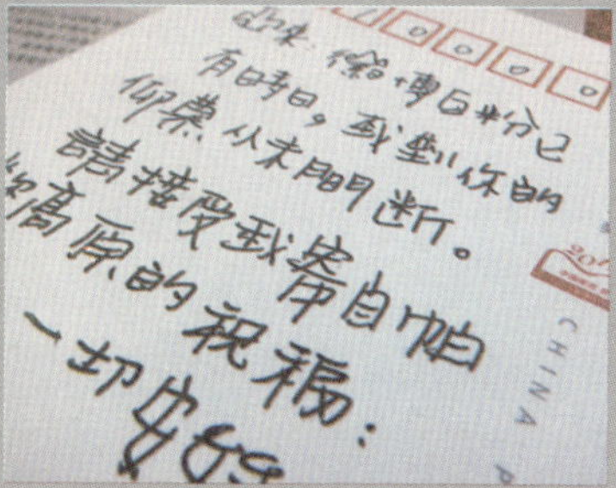

谢谢你，社长。每次打开微信只要有你的推送文章我必定看。很平淡，我却非常喜欢。没有那么多鸡汤、没有那么多情情爱爱。和菜头叔叔的公众号现在已经收费了，我是个穷学生，没钱订阅，没有文采，夸你的话也只是用简简单单的“好棒”来形容。后悔没早点关注你，但是没关系，我已经把我之前落下的文章都看完了。不知道你什么时候也会像和菜头叔叔那样开启收费模式……估计到那时候我也开始上班了吧，哈哈哈，就有钱订阅了。

Day 2016.6.21

今天从公司走路回来的，7 公里走了将近一个半小时。一边气喘吁吁走着，一边打电话。也是很久没跟什么人打电话了，长大之后讲心事会变成一件让人害羞的事情，唯有沉默得体而恰当。有一本书上说：“后来许多人问我一个人夜晚踟蹰路上的心情，我想起的却不是孤单和路长，而是波澜壮阔的海和天空中闪耀的星光。”但愿你也是。

Day
2016.8.20

吃完晚饭回来打开手机，看到微信朋友圈前女友发的状态，她今天结婚了。分手快一年了，这期间也没联系过，觉得都已经放下了，也是真分了，但看到这条状态，心里还是很难受。

Day 2016.6.19

2016 年 6 月 19 日，普吉岛麦当劳，一个人背着包、拖着行李，用蹩脚的英语点了份比国内便宜 5 毛钱却更好吃的麦辣鸡腿堡，作为也许是整个购物中心里唯一的中国人，我矫情地把此刻定义为孤独。

Day

2016.6.17

高二下学期，胖得要炸裂，暗恋的人是直男，家里每月 800 块钱的按揭都要东拼西凑，然后在电脑里发现爸妈离婚协议书的底稿，不是沮丧，简直是对世界绝望。

Day

2016.6.18

喜欢傍晚的云彩，有一种稍纵即逝的美。现在工作每天都会路过这家医院，想起有人曾在走饭的悼文上写：“别人的故事你听过就算了。但是别人的痛苦和绝望，就像路边的水坑，你看见了，绕过了，没有跳下去就不知道那有多深。做一个冷漠的看客都好，但不要笑出声，那样坏过头了。”哦，好的，我点点头。

是微小而确实的颓丧，
是稍纵即逝的掏空。